全国大学生纱线设计大赛
十届 (2009—2019) 回顾

◎ 倪阳生 丁辛 郁崇文 主编

东华大学出版社
·上海·

内 容 简 介

本书对 2009—2019 年举办的十届全国大学生纱线设计大赛进行回顾总结，对历届大赛和主要获奖作品做详细介绍，对其中的部分获奖作品进行了点评，并收集了部分参赛学生和指导教师对大赛的感悟。希望通过总结，不断完善全国大学生纱线设计大赛及其他各类实践创新活动，更好地培养大学生的创新能力、动手能力和解决工程问题的能力。

图书在版编目（CIP）数据

全国大学生纱线设计大赛十届（2009—2019）回顾 /
倪阳生，丁辛，郁崇文主编 . — 上海：东华大学出版社，
2020.12

　ISBN 978-7-5669-1822-2

Ⅰ . ①全… Ⅱ . ①倪… ②丁… ③郁… Ⅲ . ①纺纱工
艺－工艺设计 Ⅳ . ① TS104.2

中国版本图书馆 CIP 数据核字 (2020) 第 230745 号

责任编辑：张　静
版式设计：唐　蕾
封面设计：魏依东

出　　版：东华大学出版社（上海市延安西路 1882 号，200051）
出版社网址：http://dhupress.dhu.edu.cn
天猫旗舰店：http://dhdx.tmall.com
出版社邮箱：dhupress@dhu.edu.cn
营销中心：021-62193056　62373056　62379558
发　　行：全国各地新华书店
印　　刷：上海龙腾印务有限公司
开　　本：889 mm × 1194 mm　1/16　　印　张：13.5
字　　数：432 千字
版　　次：2020 年 12 月第 1 版
印　　次：2020 年 12 月第 1 次印刷
书　　号：ISBN 978-7-5669-1822-2
定　　价：138.00 元

主　编

倪阳生　　丁　辛　　郁崇文

编写组成员

纪晓峰　　陈文兴　　高卫东　　张尚勇　　王　瑞
郭建生　　徐　静　　孙润军　　刘呈坤　　邢明杰

编写工作人员

刘雯玮　　马　也　　钱丽莉　　贺雅勤

前言
PREFACE

　　由中国纺织服装教育学会和教育部高校纺织类专业教学指导委员会主办的全国大学生纱线设计大赛悄悄地进入到第十一届，一路走来，虽有艰辛，但更多的是喜悦和收获。这项赛事得益于发起者——东华大学纺织学院，特别是郁崇文教授的辛勤工作。我要感谢各承办院校和支持企业，感谢各位评委专家，感谢在比赛中勇于变革、极富创新理念的各位参赛学生及其指导教师。

　　纺织工业是我国国民经济的传统支柱产业和重要的民生产业，也是国际竞争优势明显产业，在繁荣市场、扩大出口、吸纳就业、增加农民收入、促进城镇化发展等方面，都发挥着重要作用。我们纺织人很早就提出了在纺织行业实施科技强国、品牌强国、可持续发展强国、人才强国四大战略，可以说，当下中国已实现建设成纺织强国的目标。强国的标志就是劳动力水平高，产品附加值高，这些都离不开各层次院校的人力支持和智力支持。我们主办大学生纱线设计大赛的宗旨有四个：一是打造教学与学术交流平台，使不同区域的院校有同场竞技的机会，相互切磋，共同提高；二是展示中国纺织高等教育实践环节的教学水平，强调做中学；三是发掘和推荐优秀人才，大赛给在校大学生提供了利用综合知识解决问题的机会，调动了他们的学习积极性，促进了他们的健康、快速成长；四是更好地促进产学研密切合作，有不少企业和企业专家参与了每届大赛，而且对大赛作品进行了深度点评，有些作品本身就来自于校企合作产物，通过大赛的平台，院校和企业的联系与合作必定会得到加强。

　　中国正处于加速发展、由大国向强国迈进的新阶段，但经济社会发展过程中也出现了一些新情况、新问题，资源环境约束矛盾更加突出，部分地区的环境承载能力已接近极限，外延型扩张模式难以为继，转变经济发展方式刻不容缓。根本靠创新，关键在人才，基础在教育。强国必先强教，教育在实现经济社会可持续发展和人类全面发展中的作用越来越突出。长期实践证明，各种竞赛有利于提高学生的独立能力、创新能力、表达能力及与他人合作的能力等等。

　　十年磨一剑，纱线设计大赛的意义和影响是不言而喻的，但还有一些待改进之处，如企业深度参与的积极性、各校普遍重视程度、学生良好习惯和基本功的训练等等。总之，舞台再大，你不上来展示，永远只是看客。我希望这个赛事确实能起到育人作用。

中国纺织服装教育学会会长

倪阳生

2020 年 9 月

大学生纱线设计大赛的初衷和愿景

全国大学生纱线设计大赛举办至今已经十届。十多年来，大赛组委会始终秉承这样的宗旨，即通过纱线设计大赛着力打造国家级纺织专业大学生纱线设计方面的交流平台，加强纺织专业院校、纺织生产企业、社会各界纺织技术人员的交流合作，展示中国纺织高等本科教育纺织专业课教学和课程设计、综合实验等相关实践环节的教学成果和教学水平，引导并激发高校学生的学习和研究兴趣，培养学生的创新精神和实践能力，发现和培养一批在纺织科技上有作为、有潜力的优秀人才。

在业界知名企业的赞助下，赛事得到了在校学生和专业教师的热情支持，涌现出一批构思新颖、创新性强的纱线设计作品，达到了大赛预期的目的。

"知是行之始，行是知之成"。要将课堂专业知识变为个人能力，实践是不可或缺的环节与途径。对于工科专业而言，这点更是被社会普遍认同的。纺织工程专业是一个实践性非常强的专业，为了践行"知行合一"理念，纺织工程专业教学始终重视培养学生将书本知识转化为实践能力。在日常的教学活动中，通过各种类型的示范性、验证性和综合性实验，以及一系列的实习活动，逐步培养学生的实践认知水平和动手能力。然而这些年，由于时代发展对工科学生要求的提升，以及专业实践环境和条件的限制，学生专业实践能力未能满足日益增长的社会需求的现状也是不争的事实。在这种背景下，为帮助纺织工程专业的学生将所学知识转化为专业实践和服务社会的能力，同时也为彰显新时代大学生的个性，培养他们的创新思维，纱线设计大赛应运而生。通过准备作品和参加赛事的过程，学生有机会深入理解书本上的专业知识，熟悉基本工艺流程，提升专业技能，熟悉科学实验的基本规范，锻炼团队精神，提高表达沟通能力。总之，通过参加大赛，学生获得了一次综合性的专业训练和能力锻炼。

纱线设计是一种将纱线形貌和性能（或功能）设想，通过合理的规划、周密的计划，以及不同的方式表达出来的过程。具体而言，是设计者通过选择合适的纤维原料、设计相应的纱线结构和使用合理的纺纱方法来达到产品预期的视触觉效果和性能（功能）要求的过程。大赛中涌现出不少好的作品，特别是一些获奖作品，从新纤维选择、纱线结构成型、纺纱工艺优化、制造方法创新等，给出了新颖的答案，彰显了当代纺织工程专业学生的智慧和能力。

大赛作为纺织专业学生的课外科技活动，为有兴趣、有能力的学生提供了展示的舞台，这点无疑是成功的。但是，要使大赛所倡导的创新精神和实践第一的理念覆盖到纺织专业的所有学生中，使纺织专业的所有学生均能由此受益，就要使相关专业内容成为专业实践教学的重要一环。这对于专业教育教学改革又是新的要求，还有进一步改革建设的空间。

一项成功的设计，应满足多方面的要求。这些要求，有社会发展方面的，有产品功能、质量、效益方面的，也有使用要求或制造工艺要求等方面的，所涉及的因素有人、社会、经济、商业、法律、政治、文化等。为了培养具有现代意识的工程师，工科专业对所有学生提出了具备解决复杂工程问题能力的毕业要求。例如，作为必要条件，工程教育专业认证通用标准对学生"设计／开发解决方案"能力提出了要求，即能够设计针对复杂工程问题的解决方案，设计满足特定需求的系统、单元（部件）或工艺流程，并能够在设计环节中体现创新意识，考虑社会、健康、安全、法律、文化及环境等因素。又例如，在"工程与社会"方面，要求学生应具有的能力包括：能够基于工程相关背景知识进行合理分析，评价专业工程实践和复杂工程问题解决方案对社会、健康、安全、法律及文化的影响，并理解应承担的责任。类似的要求在"环境和可持续发展""职业规范"等条款中也有强调。然而，在现有纺织工程专业的培养方案中，能够支撑培养这一类有关现代工程师能力要素的课程体系和教学环节尚有缺失，存在制度上和操作上的短板。要克服这类短板，可在培养方案中加强课程设计环节，通过精心安排教学内容和考核方式，是可以满足要求的。因此，纱线设计大赛及作品选拔的意义，不仅在于表彰优秀作品、鼓励创新，更重要的在于使学生均通过这个过程都具备现代工程意识和解决复杂工程问题的能力。

大赛执行的纱线设计路线和内容安排也存在可优化之处。由于纱线仅是纺织品的中间产品而非最终产品，这给充分表达设计者创作意图带来了不小的挑战，特别是视触觉效果，通常将所设计的纱线制成织物后，将织物作为表达和展示的载体。然而在上述情况下，在对作品的评价过程中，织物本身的设计和制造在相当程度上淡化、模糊或改变了纱线设计的意图。多数情况下，设计者总是先考虑织物的视触觉效果和性能（或功能），然后再去选择合适的纱线；而通过先设计纱线再考虑其在织物上的表达，则必须在纱线设计过程中考虑过多且复杂的影响因素，使得设计目标的达成较为困难。特别是在织物需要后整理的情况下，纱线设计过程中的影响因素就更加复杂而难以把控，这样的内容安排难以在有限时间内完成。另外，现有竞赛结果的评价大多数采用主观的方法，对作品质量的评价方式和价值取向与纺织类专业的另一项赛事（高校纺织品设计大赛）存在重复的可能。鉴于上述原因，有必要从全局的视角审视纱线设计大赛对纺织工程专业学生能力培养的内容。借鉴其他专业学生竞赛内容，例如复合材料桥梁设计比赛，即学生在给定的材料条件下完成桥梁的设计和制造，以作品的承载能力作为评价的专业参考。实际上，产品设计内容很多，如前期沟通、市场调查、产品策划、概念设计、外观设计、结构设计、试产跟踪、用户反馈等。对于纱线设计而言，可以在内容安排方面适当优化，即给出纱线设计的有限目标，如纱线的强度（或者其他性能／功能指标）；或规定一些基本的条件，如纤维种类。在相同的条件下，学生设计和制备纱线，专家用客观的方法定量评价作品水平的差异。设计者将满足给定的目标需求作为价值取向，从而限定了设计目标。这样，一方面将设计与目标需求紧密地联系起来，满足需求原则。另一方面，作品评价标准是客观且确定的，容易统一，比较符合教学需求。通过有限目标的达成，作品水平的竞争性显著提升，有利于提升学生的兴趣。

希望大学生纱线设计大赛办出水平，办出影响，越办越好，切实成为促进纺织工程专业办学质量提高的有力手段，为培养现代纺织产业接班人做出贡献。

工程教育专业认证纺织类专业认证委员会主任

东华大学 丁辛教授

2020 年 10 月

十届全国大学生
纱线设计大赛有感

  时光荏苒，一转眼全国大学生纱线设计大赛已经成功举办了十届。这项大赛酝酿、诞生于教学改革深化之际，伴随着纺织专业的教学改革硕果成长。

  全国大学生纱线设计大赛源于全国的纺纱学教学研讨会。2006 年在东华大学召开了"十一五"纺纱学教材编写研讨会，来自全国三十余所纺织院校的纺纱学教师齐聚一堂，共同商讨教学大纲，研讨教学设置，观摩教学方法，参观教学实验装备，共享教学课件尤其是自制的动画和视频，以期不断提高教学效果，提升学生的专业素养。2009 年在东华大学承办的研讨会上，大家观摩了东华大学自制的多媒体课件和纺纱系列小样机，探讨了加强实践环节培养大学生动手能力和创新能力的必要性、迫切性和可能性。会上，东华大学提出举办"全国大学生纱线设计大赛"的倡议，得到了各校参会代表的积极响应，大家集思广益，确定了大赛的原则框架，并筹划落实了由东华大学承办第一届全国大学生纱线设计大赛。十多年来，全国 30 余所纺织院校同心协力，坚持每年举办、轮流举办的大赛机制，不经意间已经成功举办了十届。

  纱线设计大赛的举办，使"纺纱学"课程教学与生产实际有了更紧密的结合。大赛作品的评审，不仅有"纺纱学"的授课教师，还有一批来自生产第一线的专家参与初评和终评，着重从实际生产应用的角度对学生的创新性和动手能力进行综合考量，使纱线大赛成为一个产教结合的好平台。学校的教师和学生贴近了企业的生产实际与产品开发，明确了创新人才的具体要求。纱线大赛也促进了课程改革的深化。天津工业大学、德州学院、盐城工学院等院校将"纱线设计""试纺实验"等课程与纱线大赛合理衔接，使学生在上课和动手试验中有明确的目的，大大调动了学生的学习兴趣和参赛的积极性，在历次大赛中屡获佳绩。

  纱线大赛对提高学生专业学习的兴趣及增强学生的创新意识和实践动手能力，都有积极的促进作用。通过大赛，学生对纺纱知识有了更深入的认识和理解，尤其是通过自己动手实践后，对原料选用、加工流程设定、工艺参数设置乃至产品质量检验等都有了亲身的体会和深刻的理解。在参赛作品中可以看到，学生通过查阅文献、了解纱线加工过程及产品发展的趋势与现状，并在考虑公共健康、安全文化以及环境保护和可持续发展的基础上，确定作品主题；在作品制作中，应用所学的知识设计纺纱方法、加工流程和工艺参数，并通过自学有关知识，对功能性纤维加以应用和测试分析（抗菌、抗紫外线等性能），掌握精密仪器的使用（扫描电镜、热分析仪等）。在整个参赛作品的制作过程中，培养了学生们既合作又分工、各尽其责又相互帮助的团队精神。这些都是在课堂中难以学到的综合素质与能力，与当前工程认证中强调的"产出导向（能力导向）"是高度契合的。

  纱线大赛同时也培养和锻炼了年轻教师。一大批资深教授，不仅率先垂范，积极参与纱线大赛的工作，还培养了一批年轻教师。今天，这些年轻教师已在纱线大赛中指导学生屡获佳绩，预示着纺纱教学后继有人，英才辈出。

学生的作品虽略显稚嫩，但也不乏紧扣时代发展脉搏、显示出相当实力的作品，如第一届的一等奖作品"苎麻高支纱和高支股线"，获得了全国大学生"挑战杯"竞赛中二等奖，充分显示了纱线设计大赛作品强劲的竞争力和创新力。第二届的作品"循环回用纤维纱线""拒水、防污、自洁、低碳、环保功能纱的开发"及第九届的作品"来自于'过去'的新型纱线"等，都显示了当今绿色环保、循环利用、可持续发展的理念。第七届的一等奖作品"纱之精灵"及第十届的"双梯力感应纱"，则体现了利用纺纱技术生产智能可穿戴纺织品的元素，展示了生产智能可穿戴纺织品的发展趋势。

　　一路走来，十届大赛的硕果离不开中国纺织服装教育学会的指导和帮助，也离不开各纺织院校和企业的积极参与和大力支持。希望大赛能进一步与产业结合，与现代新兴技术结合，达到社会，特别是产业界的期望，展示纺织的"新工科"建设成效，成为产教融合育人机制的良好平台。

　　十年十届，全国大学生纱线设计大赛已经初步积累了一些举办经验，也留下了许多宝贵的资料。编撰此书的目的是想把十届大赛的概貌、部分亲历者的感受呈现给读者，希望能对未来的纱线设计大赛有所帮助。"温故而知新"，相信以后的纱线大赛必将更精彩！

教育部纺织类专业教学指导委员会主任

东华大学　郁崇文教授

2020 年 10 月

目录
CONTENTS

一、全国大学生纱线设计大赛概况

全国大学生纱线设计大赛，在 2008 年的全国"纺纱学教学研讨"会议上，由东华大学倡议举办该赛事，教育部高等学校纺织服装教学指导委员会、中国纺织服装教育学会对该赛事给与了积极肯定和大力支持，鼓励各校轮流承办。

全国大学生纱线设计大赛是面向国内纺织服装设计院校的专业赛事。大赛的宗旨是为学生的理论与实践相结合提供平台，引导并激发高校学生的学习和研究兴趣，培养学生创新精神和实践能力。大赛旨在传承、发展和开创纱线产品的原创性、时尚性与功能性，加强专业院校、各大纺织生产企业、社会各界纺织服装设计人员的交流、展示与合作。

第一届纱线设计大赛始办于 2009 年，由中国纺织服装教育学会、教育部高等学校纺织类专业教学指导委员会主办，东华大学承办，以后各届，分别由江南大学、德州学院、武汉纺织大学、天津工业大学、西安工程大学、青岛大学等承办，在没有其他承办院校的时候，由东华大学承办。每届大赛的参加院校都在20 所左右，参赛作品 200-300 项。每年评出一等、二等、三等和优胜奖的比例分别约为 5%、10%、20%、20% 左右，自第九届起，为了与其他同类大赛的奖项一致，也改为特等奖、一等奖、二等奖和三等奖。

表 1 历届大赛的举办情况

届次	承办单位	赞助单位	参与学校	作品数量
1（2009）	东华大学	—	17	80
2（2011）	东华大学	—	18	100
3（2012）	江南大学	云蝠服饰有限公司等	15	100
4（2013）	东华大学	上海纺织控股集团	10	80
5（2014）	德州学院	山东鲁泰纺织股份有限公司	12	90
6（2015）	武汉纺织大学	立达（中国）纺织仪器有限公司	15	200
7（2016）	东华大学	立达（中国）纺织仪器有限公司	13	195
8（2017）	天津工业大学	新疆奎屯-独山子经济技术开发区	22	269
9（2018）	西安工程大学	—	17	228
10（2019）	青岛大学	山东鲁泰纺织股份有限公司	19	277

纱线设计大赛为纺织专业的学生提供了一个良好的平台。学生参加大赛的积极性很高。学生普遍反映，通过大赛，自己的创新和动手能力、团队协作以及对纺纱知识的理解和掌握等都有了显著提高。

为保证参赛作品的质量，推动各高校学生科技创新活动的开展，各高校成立活动协调小组，设立联络人，负责本校学生参赛项目的协调、评审及申报工作。

二、全国大学生纱线设计大赛历届回顾

（一）第一届全国大学生纱线设计大赛

1. 基本情况简介

由教育部高等学校纺织服装教学指导委员会、中国纺织服装教育学会、东华大学联合主办的第一届全国大学生纱线设计大赛作品评审会议和颁奖与闭幕仪式，于 2009 年 11 月 27—28 日在东华大学举行。

图 1-1 第一届全国大学生纱线设计大赛闭幕式

本次大赛是为了深入贯彻教育部有关高等教育"质量工程"精神，引导并激发高校学生的学习和研究兴趣，培养学生创新精神和实践能力，发现和培养一批在纺织科技上有作为、有潜力的优秀人才，在全国纺织类高校举行的一项大学生科技赛事活动。

该赛事由东华大学纺织学院承办，同时也是东华大学纺织工程国家级教学团队和国家级实验教学示范中心教学示范建设开展的一项活动，于 2009 年 6 月启动，由教育部高等学校纺织服装教学指导委员会和中国纺织服装教育学会与东华大学联合发布大赛通知，大赛组委会和中国纺织服装教育学会网页同时向各高校宣传发动。同年 7 月，参赛高校成立组织协调小组，9 月 25 日向大赛组委会递交报名表和作品申报书。在全国各个纺织院校的积极参与下，共有 17 所纺织院校的学生作品参赛。

图 1-2 评审现场对作品进行评分

  11 月 27 日由相关高校纺织学院的专家教授和来自纺织企业的专家代表等共 19 人组成评审委员，其中教育部高等学校纺织服装教学指导委员会主任委员姚穆院士担任评委会主任。评审会对参赛作品进行了评审。共评审出"一等奖"1 项、"二等奖"2 项、"三等奖"3 项、"最佳创意奖"2 项、"最佳功能奖"2 项、"优秀作品奖"17 项以及"优秀组织奖"3 项。

  2009 年 11 月 28 日上午，在东华大学图文信息中心第二报告厅举行了隆重的颁奖典礼。会上，东华大学副校长宋立群致欢迎辞，中国纺织服装教育学会会长倪阳生讲话并宣布获奖名单。倪会长表示，这次大赛对促进纺织技术的交流、提高学生的专业学习兴趣、推动纺织工程的教育改革具有重要意义。未来纺织的发展在于创新，倪会长对未来的纺织人才寄予了厚望，希望学生为实现建立纺织强国的目标而不懈努力。上海纺织科学研究院设计中心总设计师姜淑梅和大连工业大学纺织轻工学院院长于永玲对本次大赛一、二等奖作品进行了点评。最后，东纺科技公司总经理殷永庆教授级高级工程师为大会作了"现代纱线设计人才的需求及设计理念"的专题报告。

2. 评委会名单

表 1-1 第一届全国大学生纱线设计大赛组委会名单

姓名	单位
姚穆	教育部高等学校纺织服装教学指导委员会主任，中国工程院院士
丁志荣	南通大学纺织服装学院系主任
于永玲	大连工业大学纺织轻工学院院长
王瑞	天津工业大学纺织学院院长
王璐	东华大学纺织学院面料技术教育部重点实验室主任

任家智	中原工学院纺织学院院长
陈廷	苏州大学纺织服装学院教授
杜卫平	上海纺织控股集团技术中心主任，教授级高工
张新龙	海澜集团研发部部长，高工
谢春萍	江南大学纺织服装学院副院长
周衡书	湖南工程学院纺织服装学院
姜淑梅	上海纺织科学研究院设计中心，总设计师
敖利民	河北科技大学纺织工程中心主任
倪阳生	中国纺织服装教育学会会长
梁列峰	西南大学纺织服装学院副院长
蒋少军	兰州理工大学机电工程学院纺织系主任
殷永庆	东纺科技公司总经理，教授级高工
蒋国祥	无锡东亚毛纺织有限公司总经理，高工
潘福奎	青岛大学纺织服装学院常务副院长

图 1-3 第一届全国大学生纱线设计大赛评审组委会合影

3. 获奖名单

表 1-2 第一届全国大学生纱线设计大赛作品获奖名单

奖项	院校	作品名称	作者	指导老师
一等奖	东华大学	苎麻高支纱和高支股线的生产方法	梁红英、周绪波、田喆	郁崇文
二等奖	河北科技大学	不锈钢微丝二次包覆纱线	王欣	高翼强
	湖南工程学院	苎麻赛络喷气色纺纱	李海涛、王黄甫	周衡书
三等奖	青岛大学	Coolplus/竹/圣麻/Modal(35/30/20/15)喷气涡流纱	李艳	邢明杰
	西南大学	长短纤维紧密纺复合纱线的设计	荆瑞彩、郭敏、谢宇、胡光毅	张同华
	湖南工程学院	纯麻高支纱	高旭、邓巧玲、项欢欢	刘常威
	湖南工程学院	爱丽丝多功能色纺纱	许丽云、何清云	周衡书
	江南大学	300S超高支紧密纺精梳棉纱的开发	孙玮、朱春龙、杨士奎	苏旭中、谢春萍
	江南大学	夜光型圈圈纱	杜守刚、王芸城	吴敏
最佳创意奖	大连工业大学	天然丝瓜络混纺纱线	顾冬艳、邹晓蕾	王迎
	天津工业大学	狐狸绒纱线	刘德龙、武晓芳、郝振兴	刘建中
最佳功能奖	南通大学	聚苯硫醚/聚乳酸保温导湿纱的开发	桂林、殷瑶、陈群	董震
	兰州理工大学	毛/金属丝纱线产品的开发与生产	杨本任、李彩兰、王占林	蒋少军

表 1-3 优秀组织奖

奖项	院校
优秀组织奖	湖南工程学院
	兰州理工大学
	东华大学

4. 获奖作品介绍

一等奖

作品名称：苎麻高支纱和高支股线的生产方法

作者单位：东华大学

作者姓名：梁红英、周绪波、田喆

指导教师：郁崇文

在苎麻高支织物（又称爽丽纱）的生产中，通常是用水溶性维纶与苎麻混纺成纱，再织成织物后，在高温的水溶液中将维纶溶解，剩下的即为纯苎麻的织物，又称爽丽纱。如果在纱的状态下就将维纶溶解掉，就可以得到真正的高支纯苎麻纱。但这个高支的纯苎麻纱通常因太细（强力太低）而无法进行后道加工。而且，水溶性维纶纤维作为伴纺纤维，在成品加工后最终消失，故混合的均匀性非常重要，严重的混合不匀会使纱断头、产生大量细节而导致织物出现条影、断纱、甚至破洞，所以混合方法的选择很重要。

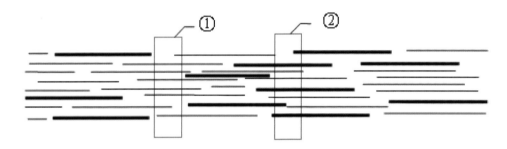

图 1-4 混纺纱段的纤维排列分布（图中粗线表示苎麻纤维，细线表示维纶纤维）

本设计将 Siro 纺和 Sirofil 纺的方法结合，不仅工艺简单，且纱线结构类似股线的结构，如图 1-5、图 1-6 所示，可明显看出，赛络纱和赛络菲尔纱可以确保苎麻纤维在纱段轴向均匀分布。因此，这种纺纱技术在减少维纶伴纺减量后纱的断头方面有显著优势，成纱条干好，不易出现断纱等，可获得质量更优的苎麻高支纱、线。

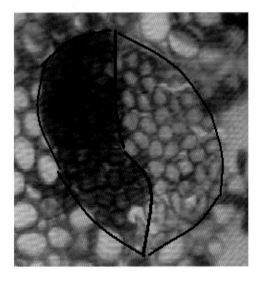

图 1-5 赛络纱横截面

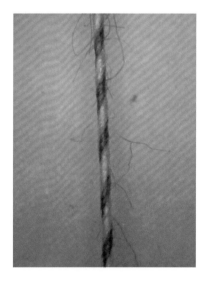

图 1-6 赛络纱纵向

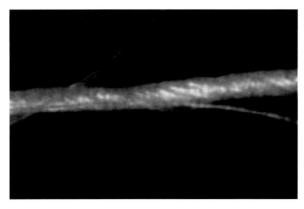

图 1-7 退维前单纱（放大倍数为 100）

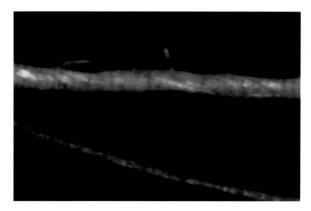

图 1-8 退维后单纱（放大倍数为 100）

对退维前、后的单纱用显微镜进行观察，发现退维后纱线的细度变细且结构疏松。

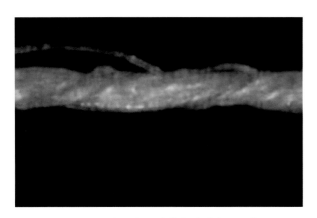

图 1-9 退维再合股（放大倍数为 200）

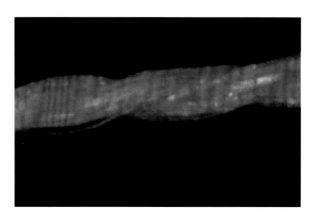

图 1-10 合股再退维（放大倍数为 200）

表 1-4 苎麻高支股线（150Nm/2）的质量

加工工艺	强度 (cN/tex)	强度 CV(%)	伸长率 (%)	条干 CV(%)	千米粗节 (+50%)	千米细节 (-30%)	千米麻粒 (+200%)
先合股再退维	19.22	19.1	3.75	21.17	495	5060	335
先退维再合股	20.32	17.01	2.75	18.08	187	2343	275

从以上图片和试验数据可以看出，无论是外观还是成纱质量，先退维后合股的工艺都比先合股后退维的工艺好。

通过对退维前后纱的结构松散度、捻度和强度等参数的对比优化，确定出先退维再合股的最优工艺。

创新点：

①采用纱、股线直接退维，可得单独的苎麻高支纱、线。

②首次提出采用合股的方法改善退维后高支纱、线结构、条干和强力，即先退维后合股和先合股后退维两种工艺。

③将捻合理论应用于退维后合股的工艺，根据单纱的质量及股线的用途有针对性地选择不同的股线捻系数，以获得条干均匀、强力较高、纱体光洁的苎麻股线。

④将 Siro 和 Sirofil 纺等工艺技术应用于苎麻 / 水溶性维纶的混纺过程。

⑤纺制成的高支纱、线不仅可做不同结构、组织的机织物，且由于该制作纺制的纱支数高，弯曲刚度降低，可直接用作针织纱。

适用范围： 主要应用于夏季服装面料、风格别致的高级春秋服装面料、高级衬衫以及精美手帕、台布、餐巾、窗帘、蚊帐、沙发面布和室内装饰用布等。

市场前景： 创新是拯救苎麻业的关键，苎麻高支纱和高支股线的开发和应用将提高苎麻产品的附加值、科技含量和国际竞争力，给苎麻产业、麻农等带来巨大的经济效益。

注： 本作品已申请发明专利四项。

图 1-11 高支苎麻股线

图 1-12 在第十一届全国大学生挑战杯决赛中，本作品获得二等奖

专家点评： 该作品将新型的赛络纺纱技术与传统的水溶性维纶伴纺技术相结合，巧妙地克服了维纶与苎麻混纺时由混合不均匀导致的细节、断头等现象，大大提高了正品率。合股后的高支苎麻股线可以应用于机织物、针织物，大大拓宽了其应用领域。

二等奖

（1）作品名称： 不锈钢微丝二次包覆纱线

作者单位： 河北科技大学

作者姓名： 王欣

指导教师： 高翼强

创新点：

①将不锈钢微丝包入普通纱线当中，一方面赋予了它导电、抗静电的功能，同时由于外包普通的常规纤维，具有穿着舒适的特性。

②采用了二次包覆的技术，使得芯丝与外包纤维之间的结合力更强；包覆效果更好，芯外漏现象得到较大改善。

适用范围：可用于生产特殊产业领域的抗静电服、防辐射服和发热墙布等产品的开发。

市场前景：随着科技的发展，各种电器给我们带来方便的同时也将电磁辐射带到了每一个角落，保护每一个人尤其是婴幼儿和孕妇不遭受电磁辐射，已经成了一些发达国家考虑的问题。类似于孕妇防辐射服的产品相继出现，而且这种潜在的市场是相当巨大的。

（2）作品名称：苎麻赛络喷气色纺纱

作者单位：湖南工程学院

作者姓名：李海涛、王黄甫

指导教师：周衡书

创新点：苎麻喷气色纺纱由黑涤和棉、苎麻混纺而成，根据喷气纱特殊的成纱结构，在保持麻纤维优良特性的同时，又兼顾涤纶纤维本身的抗皱保形。

适用范围：针织T恤衫及内衣产品，运动装、双面休闲装等产品，也适宜于无梭织机使用。

市场前景：作品堪称为纺织生态原料和纺纱新技术巧妙结合的产物，适用于服装、家纺和装饰面料上，具有较高的经济效益和广阔的市场前景。

设计说明与作品简介：

①设计思路与创意。喷气纺是一种新型纺纱方式，它利用旋转气流推动须条产生旋转的气圈运动，从而使须条假捻成纱，它具有纺纱速度高、所纺纱线支数范围广、工艺流程短、产量高等优点，但是，喷气纺的成纱原理特殊，它要求所纺纤维柔软、长度长且均匀，以及纤维要比较柔软，这限制了它的适纺范围。目前在喷气纺纱机上生产的品种主要有涤/棉、纯涤、涤/黏等。

麻纤维具有以下特性：

A.麻纤维的刚度大，其缠绕在纱芯上需要较大的力矩，加捻效率低。

B.麻纤维较粗，在同样的成纱号数下，成纱截面的纤维根数较少，由于成纱细节随成纱截面的纤维根数下降而增加，成纱中的弱环会增多。

C.麻纤维的长度不匀率大，喷气纺采用罗拉牵伸，对纤维长度的整齐度要求较高，牵伸罗拉的隔距可调范围也限定了适纺纤维长度。

可见，喷气纺纺制含麻纤维的纱会比较困难，这既是本次设计的难点，也是创新点之一。

苎麻喷气色纺纱由黑色涤条和棉条、涤麻条混纺而成，根据喷气纱特殊的成纱结构，在保持麻纤维优良特性的同时，发挥涤纶本身的抗皱保形、高强耐磨的优势，穿着时挺括凉爽、吸湿透气性好、色泽亮丽，体现出自然而别致的风格。

②材料应用

A.材料的选用

棉条，色纺涤条（黑色），涤/苎麻 65/35 混纺条。三种半熟条都是直接向厂家购买的。

B.原料的性能测试

涤麻条：定量为 18.2g/5m，苎麻是切断纤维，细度为 4.48 dtex，长度为（38±2）mm。

棉条：定量为 15.3g/5m，棉纤维长度为 36.65mm。

黑色涤条：定量为 10.3g/5m，涤纶纤维规格为 38mm x 1.67 dtex，强度为 4.8 cN/dtex。

③生产工艺技术

A. 生产工艺流程

$$\left.\begin{array}{l}\text{涤麻半熟条}\\\text{棉半熟条}\\\text{黑色涤半熟条}\end{array}\right\}\rightarrow \text{FA303型并条机}\rightarrow \left.\begin{array}{l}\text{混合条}\\\text{混合条}\end{array}\right\}\rightarrow \text{两根平行喂入}\rightarrow \text{MJS802H 喷气纺纱机}$$

B. 麻纤维粗硬且长度不匀率大。为解决这个问题,采取两个方法:

a. 对麻纤维原料进行适当的前处理,对苎麻纤维进行加湿、软化,改善纤维的柔软度,提高其可纺性。具体处理方法:将一定比例的油剂与开水调和,喷洒于苎麻纤维表面(油剂数量掌握在待处理原料的3%~5%),然后进行人工搅拌,待油剂充分均匀后进行打包,放置于温度为25℃、相对湿度为75%左右的环境中平衡12h以上,再使用。

b. 研究适用于麻纤维的喷气纺纱工艺。

经反复试验,对工艺作了以下调节:(1) 适当加大集棉器开口宽度;(2) 加大主牵伸倍数;(3) 增大前罗拉与第一喷嘴间的隔距;(4) 适当提高第一喷嘴压力;(5) 大幅提高第二喷嘴压力。最终确定的工艺参数见表1-5。

表 1-5 喷气纺工艺参数

纺纱速度 (m/min)	集棉器开口宽度 (mm)	第一喷嘴气压 (MPa)	第二喷嘴气压 (MPa)	总牵伸
187	4	0.35	0.5	162.2
主牵伸	喷嘴隔距 (mm)	电清参数	喂入比	卷绕比
35.8	39	1.20	0.97	0.98

④纱线的风格特征

A. 纱线的结构形态

图 1-13 苎麻赛络喷气色纺纱

从图 1-13 可清晰地看出外包缠纤维主要是黑色涤纶，这使得纱线呈灰黑色。这主要是因为涤纶纤维比棉纤维的刚度大，易形成头端自由纤维。另外，纱线的包缠形态为螺旋状包缠。

B. 成纱质量

涤纶/棉/苎麻（T/C/R）45/35/20 的 32S 纱质量指标见表 1-6。

表 1-6 苎麻赛络喷气色纺纱的质量指标

条干CV (%)	断裂强度 (cN/tex)	百米重量CV (%)	断裂伸长率 (%)	毛羽指数 (3mm)	强力CV (%)
20.17	9.71	4.35	5.37	3.18	14.42

苎麻赛络喷气色纺纱的强力低于同线密度的环锭纱，这主要是受喷气纺的特殊成纱原理的影响，但是喷气纱的条干均匀度、重量不匀率均优于环锭纺。

C. 纱的风格特征

该纱的结构比较蓬松，条干均匀度好，毛羽少，芯纤维几乎呈平行状态，纤维间间隙较大，纱线的吸湿透气性能比较好。在涤纶纤维色泽的选用上，我们选用今年的流行色之一黑色。黑色属于中性色系，象征安静、厚重、庄严、高贵。从成纱可以看出浅灰黑微妙的光泽给人沉稳、厚重的质感，给人一种稳重踏实的感觉，美中不足的是纱的强力较低。

专家点评： 该作品采用黑色涤纶、棉与苎麻混合后纺制喷气纱，通过涤纶和棉的优良可纺性弥补了纯苎麻纱难以在喷气纺设备上纺制的难点。并通过对苎麻进行给湿预处理，优化其喷气纺的工艺参数等，纺制出具有较好质量的涤纶/棉/苎麻的混纺纱色纱，体现了喷气纺条干均匀的特点。但该作品名称中的"赛络"是指两根条子喂入喷气纺，与赛络纺的两根粗纱保持一定间距喂入还是有所不同的。

三等奖

（1）作品名称： Coolplus/竹/圣麻/Modal(35/30/20/15) 喷气涡流纱

作者单位： 青岛大学

作者姓名： 李艳

指导教师： 邢明杰

创新点：

①以某一种纤维原料为主体，辅以纤维性能取长补短，功能性相辅相成的其他三种纤维原料，从而使最终纱线既能满足纺织后加工条项的要求，又能呈现出独特的功能性。

②选用具有良好吸湿、排汗功能的Coolplus纤维，手感柔软、透气性好、穿着凉爽舒适、光泽亮丽的竹纤维，吸湿、透气、抑菌的圣麻纤维和环保，舒适的Modal纤维加工成生条，在No.861型号的喷气涡流纺纱机纺成纱。

适用范围： 适用于针织物的制造，如内衣、T恤、床上用品等。

市场前景： 目前，多组分 MVS 在市场上比较少见，四组分 MVS 纱尚无开发报道。本产品作为功能性、环保性、风格独特的四组分 MVS 纱，可填补市场空白。

（2）作品名称： 长短纤维紧密纺复合纱线的设计

作者单位： 西南大学纺织服装学院

作者姓名： 荆瑞彩、郭敏、谢宇、胡光毅

指导教师： 张同华

创新点：

①提出并运用特殊的长丝喂入机构。

②采用两根或多根细长丝喂入粗纱须条成纱，使单纱内部形成类似股纱的结构。

③长丝及短纤维须条束在空间上合理布置，使短纤维按预定设想进行内外转移。

关键技术： 长丝及短纤维须条束在空间上合理布置，使得短纤维按预定设想进行内外转移。

主要技术指标：纱线强力提高 35%，断裂伸长提高 15%，2mm 以上毛羽指数较传统纱线减少 60%。

适应范围： 可生产 40 英支及以上的具有多种纤维、多元结构的纱线，用于高档针织面料或机织面料的生产。

市场前景： 纱线采用多种原料并具有多元结构可以充分利用原料，节约成本，形成具有特殊功能的纱线，是目前市场应用的趋势。目前市场导向趋于纱线原料和结构的多元化，充分发挥不同原料的功能，可望具有较好的经济效益。

①设计创意

随着现代生活水平和人的文化修养不断提高，人们对服装服饰的舒适性、功能性、高感性、保健性等提出了更高的要求。无论是天然纤维还是化学纤维都有各自的优缺点，单一种类的纤维和单一结构的纱线已经难以满足人们对服装服饰的这些要求。而实现纺织品的纤维原料"多元化"和纱线结构"多元化"的目标是满足人们这些要求的理想选择，复合纺纱技术必然成为实现这一目标的有效途径。作为"21世纪的环锭纺纱新技术"，紧密复合纺纱技术能够实现由不同纤维组成的、具有不同结构和不同风格的复合纱线，同时实现纱线内部结构的合理化与表面结构完美化的结合。

本作品的复合纱的优点主要体现在纤维原料的多样性（不同的长丝和短纤维的复合）和纱线内部空间立体结构变化的多样性。它不仅能够最大程度地发挥不同纤维原料的优良特征，而且最大限度地弥补了不同纤维的不足，新颖的纱线结构赋予纱线更多的优良品质。同时，复合纺技术还可以提高某些品质较差纤维的可纺性，提高原料利用率。

该设计通过紧密纺纱技术开发特殊结构的新型复合纱线，克服包芯纱外层纤维易滑脱容、耐磨性差、"界面"问题较严重和包缠纱结构不尽理想，导致织物服用性能相对较差的显著缺点。

②纱线结构风格特征

本设计所研制的复合纱线具有独特的内部空间结构和外部表面结构。在纱线内部，化纤长丝（单丝，一般为 8～20D）分散分布，短纤维的头端可以自由地进入不同长丝之间而进行内外转移，长丝与短纤维之间相互纠缠而有机地结合在一起，加捻后长短纤维紧密地连接在一起。紧密机构又使纱线的毛羽减少，形成良好的表面性状。本设计研制的纱线，以复合纱线中的化纤长丝（单丝）作为纱线的骨架，而短纤维包覆在长丝的外围，形成一种良好的结合。其最大的性能优势在于增加了纱线的强力、增强了纤维的耐磨性、增强了纱线的抗弯刚度，织物的保形性好，可达到服装洗可穿的效果，这完全区别于以往的复合纱线结构。

③原料应用

该实物纱线的制作使用的原料是定量为 5g/10m 的棉粗纱、细度为 12D 的涤纶单丝 3 根。

④生产工艺技术

应用实验室小型环锭细纱机纺纱，紧密纺装置为机械式，采用定量为 5g/10m 的粗纱和细度为 12D 的涤纶单丝。纺纱参数：锭子转速 4097r/min，捻度 1000T/10cm，牵伸倍数 34.2，纺 40 支细纱。

注： 该创新技术已申报发明专利 2 项。

 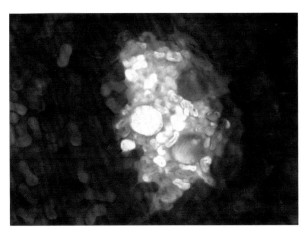

图 1-14 涤纶单丝分布图（三根单丝在纱线内部的分布）

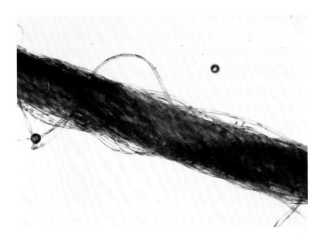 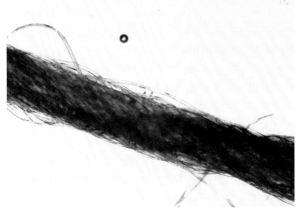

图 1-15 纱线纵向外观（黑影为长丝在纱线内部的形态）

专家点评： 该作品运用紧密纺，将纯棉纤维包覆多根涤纶长丝，使这多根长丝在纱内形成了空间交错结构，其纱与常规的单根长丝为芯的包芯纱有所不同，强力和伸长有所提高。作品有一定的新意，如能将多根长丝包芯纱与常规单根长丝包芯纱的强力和伸长进行更全面的测试和对比，则更能说明本方法优势所在。

（3）**作品名称：** 纯麻高支纱

作者单位： 湖南工程学院

作者姓名： 高旭

指导教师： 刘常威

创新点： 完善、改进脱胶工艺及技术，优选超细薄苎麻面料的原料；优化纺制高支苎麻的细纱工艺参数；对相关纺纱过程中的牵伸、卷绕部件及器材进行了改进、优选，提高了高支苎麻纱的可纺性能及成纱质量。

适应范围： 原来是粗糙和刺痒的麻布，而现在可以做成贴身穿的内衣。应用此纱，可以纺出纱质柔软且抗皱性能好的高品质苎麻面料。

市场前景： 用高品质苎麻纱线可开发特高支纯苎麻面料，产品细薄如蝉翼，更有丝绸般柔软、滑爽的手感，附加值高，性能优良。

（4）**作品名称：** 爱丽丝多功能色纺纱

作者单位： 湖南工程学院

作者姓名： 许丽云

指导教师： 周衡书

创新点：

①采用棉纤维、麻赛尔纤维和阻燃纤维三种原料混合，克服单一纤维的局限性，实现多组分纤维性能的完美结合。

②此纱线在织物中的应用，可使织物在满足色彩需要的同时，又兼具更完善的功能系统。

适应范围： 该纱线织制的织物不仅适用于儿童和老年服饰领域，同时也适用于青年人服饰或其他领域如：床上用品、贴身衣物等。

市场前景： 该纱线的新颖独特，随着其后续产品的开发，必将引领服装新潮流。

（5）**作品名称：** 300S 超高支紧密纺精梳棉纱的开发

作者单位： 江南大学

作者姓名： 孙玮、朱春龙、杨士奎

指导教师： 苏旭中、谢春萍

创新点：

①运用了紧密纺纱工艺新技术及相关的关键器材优化配套，进一步提高超高支纱的各项性能指标，大量减少长绒棉的使用，从而降低了成本。

②在 EJM-128 型细纱机上进行了三罗拉网格圈型紧密纺的改造，改造后的机器运行平稳，纺制的紧密纺纱线性能大大提高。

主要用途： 可用于高档色织布、高支高密面料的开发。

市场前景： 300s 的超高支纯棉纱所织面料质地紧密、光泽似绸、手感柔软、吸湿透气好、色泽鲜艳等诸多特点，以其独特的质感、优越的服用性能，彰显高贵与典雅气质，可谓是精品中的极品，与日趋增长的社会需求相适应，市场前景广阔。

（6）作品名称：夜光型圈圈纱

作者单位：江南大学

作者姓名：杜守刚

指导教师：吴敏

创新点：运用新型高科技纺织材料——稀土铝酸盐夜光丝作为饰纱，以起到在黑暗条件下发光，表现其独特的外观效果。

适应范围：圈圈纱可广泛应用于时装面料、床上装饰面料、墙面及窗帘装饰面料和家具装饰面料、一些装饰材料及夜间服用面料等。

市场前景：夜光型圈圈纱在黑暗条件下仍能表现其独特的外观效果，使其有别于普通圈圈纱应用面料，具有较好的市场前景和经济效益。

最佳创意奖

（1）作品名称：天然丝瓜络混纺纱线

作者单位：大连工业大学纺织轻工学院

作者姓名：顾冬艳、邹晓蕾

指导教师：王迎

创新点：运用化学方法改性处理得丝瓜络纤维，通过与棉纤维混纺得到功能纤维纱线。

适用范围：丝瓜络用途广阔，可制成工艺保健制品，畅销海外，还可制成过滤体、隔音体、洗刷材料等。同时，还有较高的药用价值，丝瓜络经脱胶等工艺得到的短纤维与棉混纺成纱线后，在与人体接触过程中，丝瓜络的中药缓慢释放，被人体皮肤吸收，功能纤维得到发挥。

市场前景：用化学方法改性处理得到的丝瓜络纤维，通过与棉纤维混纺成为功能纤维纱线，此混纺纱线必将在纺织、印染行业有广泛的应用前景。

（2）作品名称：狐狸绒纱线

作者单位：天津工业大学

作者姓名：刘德龙、武晓芳、郝振兴

指导教师：刘建中

创新点：

①狐狸绒的密度仅为 1.0182 g/m³，纤维纵向有阶段性的髓腔，致使狐狸绒纤维质轻柔软。纤维表面鳞片分布均匀，独特的排列方式增加了纤维的光泽。

②狐狸绒 25cm 内的卷曲数在 7~8 个，在卷曲的作用下其纤维间的摩擦性能较强，不仅可以与棉混纺还可以满足纯纺的要求。

③采用棉纺设备、半精纺工艺纺得均匀的纱线，有效提高织物的手感及保暖性能。

用途及前景：利用狐狸绒柔软保暖的性能，按照不同地域、季节要求，制作出不同厚薄，不同花色的时尚服用产品，既可扩大原料的应用领域，缓解原料与市场的供需矛盾，又可丰富纺织产品市场，满足不同的消费需求，有较好的开发应用前景。

最佳功能奖

（1）作品名称： 聚苯硫醚／聚乳酸保温导湿纱的开发

作者单位： 南通大学

作者姓名： 桂林、殷瑶、陈群

指导教师： 董震

创新点：

①采用的 PPS 纤维保温性比聚酯材料提高 30%~40%，可以缓和冬季寒冷时的不舒适感。

② PLA 纤维具有良好的保暖性、强伸性，出色的弹性回复性能，此外还具有良好的芯吸效应和丝绸般的光泽，面料舒适不刺激皮肤。

③采用 PPS 与 PLA 按 35/65 的比例混合，采用环锭纺方式成纱。产品保暖性比棉提高了 80%，芯吸速度是棉的 2.3 倍，具有出色的保温导湿效果，优良的手感及优雅的光泽。

适用范围： 冬季运动面料和冬季家居服装

市场前景： 产品以保暖性和导湿性为出发点，兼顾面料的光泽和手感，研发成功后将成为国内冬季运动面料品牌的高端产品，经济效应可观。

（2）作品名称： 毛／金属丝纱线产品的开发与生产

作者单位： 兰州理工大学

作者姓名： 杨本任、李彩兰、王占林

指导教师： 蒋少军

创新点：

①金属丝采用进口的特殊不锈钢线材，运用全新工艺，使其拉延成比头发丝还要细的超微金属丝，使纱线具备亮斑的视觉效果。

②织物产品具有特殊的褶绉风格，赋予织物形状记忆、抗辐射、抗静电等功能。

适应范围： 长期广泛应用在各行业的终端产品中。

市场前景： 冷色的金属光泽和特殊的形态记忆功能，赋予了纱线及织物特殊的视觉效果与外观风格，提高了产品档次，赋予了产品新的附加值。羊毛金属丝纱线产品的开发，成功地为精纺毛织物注入了时尚元素。

5. 参赛体会

指导教师，西南大学张同华教授

纱线设计大赛为纺织相关专业学生搭建了学习、交流、提高的平台，更能吸引他们参与到课外创新活动中去，激发他们创新意识和创新思维。通过大赛活动，提高了学生实际操作能力和团结协作意识，有助于工科学生的实践能力培养。望全国大学生纱线设计大赛继续办成纺织领域的具有重要影响力的赛事活动。

梁红英（一等奖获得者）：自主创业，目前拥有进出口贸易有限公司和纺织科技有限公司两家公司

转眼已经毕业了 10 个年头，很荣幸作为首届全国纱线设计大赛的选手来谈一下自己的感受，首先要感谢大赛的创办者和组织者给纺织高校的学子们提供了一个展示自我实力的舞台，每一次经历都是生活给予的宝贵经验，是成长的必然，比赛是展现自身，超越自我的最好途径！

比赛的过程其实是一个团队协作的过程，参赛项目的选择，目标的设定，团队的组建，队员的分工，大家各司其职，为共同的目标努力，参加比赛的过程就是成长的过程，比赛激发学习上强烈的求知欲望，在进一步提升专业技能，学术水平，同时锻炼团队协作、动手能力不断纯熟，技术视野不断拓展，自信不断增强，意志更加坚定。毕业后不管是做学术还是工作都有非常大的选择空间。

那次比赛给我的人生留下了浓重的一笔，感谢我的指导老师郁崇文教授！

最后，衷心祝愿纱线设计大赛越办越好，各位参赛选手取得好成绩！

荆瑞彩（三等奖获得者）：现就职于青岛城市建设投资（集团）有限责任公司，投融资部，部门负责人

作品是对棉短纤维与涤纶长丝的混合纺纱工艺的设计与研究，充分发挥了两种纤维的优良性能。成果获奖离不开张同华老师的孜孜教导，张老师不辞辛苦带领我们翻阅大量国内外刊物书籍，确定作品题目和创新内容。除了专业方面的指导，张老师还特别注重对我们兴趣的培养，协助我们采购器材设备，指导我们搭建实验设备，正是那一方小小的实验室成就了我们放飞梦想的天地！

郭敏（三等奖获得者）：现就读于澳大利亚迪肯大学，博士生

新型纱线结构模型是张同华老师提出来的构想，通过形成特殊的复合结构，使得棉短纤维和涤纶长丝的优良性能得到充分利用。在张老师的指导下，我们不断地改进实验方案。通过动手纺纱、改装和操作纺纱机，我们对细纱纺制的原理有了更详尽的理解，也意识到团队合作的重要性。作为小组成员之一，能够参加第一届全国大学生纱线设计大赛并荣获三等级，我觉得非常荣幸，同时也为整个小组感到骄傲。纱线设计大赛为纺织工程专业的学生提供了一个重要的平台，激励我们将所学的知识应用到工业实践中。

李艳（三等奖获得者）

纱线大赛是一个很好的平台，充分展示了纺织人的创新和钻研精神。通过参加比赛，我觉得开阔了我的视野吧，学会了从不同的角度去研究纱线，也丰富了我对纱线的认识，收获很多。

（二）第二届全国大学生纱线设计大赛

1. 基本情况简介

由教育部高等学校纺织服装教学指导委员会、中国纺织服装教育学会、东华大学联合主办的第二届全国大学生纱线设计大赛作品评审会议和颁奖与闭幕仪式于 2011 年 12 月 2—4 日在东华大学举行。

（1）本次大赛的主题是：创新、功能、时尚。

（2）参赛作品及要求

A. 设计内容

功能性纱线设计，纱线结构设计，花色纱线设计等

B. 作品类型

实物设计

C. 作品要求

管纱一只（也可另配由本纱织成的 A4 纸大小及以上的织物）及"设计说明与作品简介"文字稿（白色 A4 纸，小四号宋体、1.5 倍行距）。"设计说明与作品简介"要详细说明作品的设计创意、材料应用，结构风格特征，生产工艺技术，后处理要求，主要用途等。

（3）评审办法

A. 评选标准

本着"创新、功能、时尚"的理念，以作品的科学性、创新性及现实意义为基本评判标准。

B. 评选方式

组委会根据作品类别、数量，聘请院校和企业专家组成评审委员会，负责评审并提出入围名单；入围者经组委会提交参赛作品，评审委员会最终评审出获奖名单。

（4）奖项设置

设立一、二、三等奖，最佳创意（新）奖、最佳功能设计奖等若干单项奖，同时评选优秀组织奖。

（5）时间安排及地点

A. 组织发动阶段（2011 年 3 月至 4 月）

B. 组织申报、作品递交及评审阶段（2011 年 4 月至 9 月）

C. 评审总结、表彰阶段（2011 年 9 月至 10 月）

评审委员会对参赛作品进行评审，举行作品展示和颁奖大会，获奖参赛队到东华大学报到，公布获奖情况，并向获奖单位及个人颁发奖杯、证书。

2. 评委会名单

表 2-1 第二届全国大学生纱线设计大赛组委会名单

职务	姓名	备注
主任委员	姚穆	教育部高等学校纺织服装教学指导委员会主任，中国工程院院士

副主任委员	倪阳生	中国纺织服装教育学会会长，纺织服装教学指导委员会秘书长
	邱高	东华大学副校长
	丁辛	教育部纺织工程专业教学指导分委员会主任
委员	干洪	安徽工程科技学院院长
	于永玲	大连工业大学纺织轻工学院院长
	王瑞	天津工业大学纺织学院院长
	王璐	教育部纺织工程专业教学指导分委员会秘书长
	任家智	中原工学院纺织学院院长
	李瑞洲	河北科技大学纺织服装学院院长
	陈国强	苏州大学纺织服装学院院长
	陈文兴	浙江理工大学材料与纺织学院院长
	杜卫平	上海纺织控股集团技术中心主任，教授级高工
	汪建华	湖南工程学院纺织服装学院院长
	吴大洋	西南大学纺织服装学院院长
	许传海	济南工程职业技术学院院长
	张新龙	海澜集团研发部部长，高工
	范雪荣	江南大学纺织服装学院院长
	邱夷平	东华大学纺织学院院长
	胡卫民	河南工程学院院长
	姜淑梅	上海纺织科学研究院设计中心总设计师
	徐山青	南通大学纺织服装学院院长
	殷庆永	东纺科技公司总经理，教授级高工
	龚俊	兰州理工大学机电工程学院院长
	蒋国祥	无锡东亚毛纺织有限公司总经理，高工
	潘福奎	青岛大学纺织服装学院常务副院长
	薛元	嘉兴学院服装与艺术设计学院院长
	郭建生	东华大学纺织学院副院长
秘书长	倪阳生	中国纺织服装教育学会会长，纺织服装教学指导委员会秘书长
副秘书长	郁崇文	东华大学纺织学院纺织系主任
	劳继红	东华大学纺织学院纺织系副主任

图 2-1 评审现场

图 2-2 第二届全国大学生纱线设计大赛评审组委会合影

3. 获奖名单

表 2-2 第二届全国大学生纱线设计大赛获奖名单

奖项	院校	作品名称	参赛者	指导老师
一等奖	青岛大学	基于包覆纺纱技术的超粗特新型短纤纱的开发	王海楼、宋业达、郑向华	邢明杰
二等奖	德州学院	莫代尔/铜氨/醋酸长丝赛络纺包缠纱	程倩、闫淑娟	姜晓巍、王秀芝
	德州学院	拒水、防污、自洁、低碳、环保功能纱的开发与研制	郑明远、邵在敏	王静
三等奖	江南大学	低配棉特细号紧密纱产品开发	黄彬、俞洋、张昀	谢春萍、苏旭中
	江南大学	花式段彩纱的开发与设计	梅勋、张洪、李骁侃	徐伯俊、刘新金
	天津工业大学	循环回用纤维纱线	杨阳	刘建中
最佳创意奖	德州学院	多姿多彩,编织美丽人生——创意、时尚花式线的开发与研制	郑明远、邵在敏	王静
	江南大学	夜光结子纱及其家用纺织品	陆丽娜、周钰、邢德考	吴敏
最佳功能设计奖	大连工业大学	聚丙烯腈基炭/羟基磷灰石复合吸附功能单丝纱	黄成、林永双、蒋臻	王晓
	中原工学院	芦荟/竹炭/不透钢丝赛络菲尔纺功能性纱线	赵笑榕、王芳芳、曾永红	朱正锋
优胜奖	河北科技大学	高支短纤纱为芯纱,外包纤维反向加捻包裹包芯纱	王玉娟、沈鹏燕、李倩	敖利民
	河北科技大学	双长丝三组分复合纱	张佳、李欢、孟晓华	李向红
	德州学院	28tex防辐射圣麻/金属纤维(68/32)混纺纱的开发	暴少帅、高彦丰	张会青
	德州学院	竹纤维/棉/天丝赛络纺麻灰纱	李开元、万楷花	姜晓巍
	德州学院	半精纺抗起球腈纶/天丝/羊毛/丝光棉色纺纱	孙海燕、曹延娟	张伟
	德州学院	绣花底布用低温水溶性维纶纱的设计	王会、梁秀秀	张会青
	德州学院	半精纺苎麻/天丝绿色环保色纺纱线	闫畅、王颖超	徐静
	德州学院	圣麻/莫代尔赛络紧密纱	杨克祥、李清江、苑静	窦海萍
	德州学院	海藻纤维/竹纤维/牛奶蛋白纤维抗菌赛络紧密纱	尹晓娇、杨清玉、李青春	窦海萍、张梅
	德州学院	棉/大豆纤维/抗菌纤维/莫代尔/羊毛功能性赛络紧密纱的开发	张倩、王静、刘娜	王秀芝、张梅

4. 获奖作品介绍

一等奖

作品名称： 基于包覆纺纱技术的超粗特新型短纤纱的开发

作者单位： 青岛大学

作者姓名： 王海楼、宋业达、郑向华

指导教师： 邢明杰

创新点： 包缠纱具有伸长大、强力高、纱毛羽少、表面光洁、成纱蓬松性好等特点，结合纤维材料的特性，开发出了一种超粗特包缠纱。通过优化粗纱纺纱工艺，在粗纱机上制取特定粗纱，再利用包覆纺纱技术，并设计制作用于包覆机的粗纱喂入装置，包覆纺制超粗特纱线，纺制了具有特殊风格的超粗特短纤纱线，具有柔软、滑爽等风格特点。该种纱线是利用粗纱机、包覆机开发环锭纺无法纺制的超粗特包缠纱，再配以有色长丝，可形成一种特殊风格的色纱。

适用范围： 可用于机织物、针织物的加工，也可用于起绒织物、装饰面料、纺织贴墙布等的应用。

市场前景： 此纱线具有优良的物理机械性能，腈纶包覆纱具有羊绒般柔软的手感，所开发的超粗特包覆纱可以解决环锭纺无法纺制超粗特的问题。由超粗特包覆纱的测试结果可以看出包覆纱的强力成倍高于粗纱＋长丝的强力，特别是纯涤超粗特包覆纱的强力增加了 10 多倍。

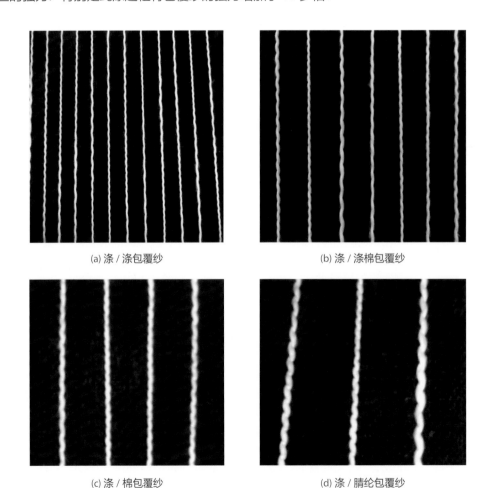

(a) 涤／涤包覆纱 (b) 涤／涤棉包覆纱

(c) 涤／棉包覆纱 (d) 涤／腈纶包覆纱

图 2-3 超粗特包覆纱

图 2-4 一等奖获奖团队合影

专家点评：作品采用包覆纺纱技术直接将粗纱纺出超过 100tex 的超粗特纱，可以解决环锭纺无法纺制超粗特纱的问题。试纺过程中选用了各种常用的纤维材料（涤纶、腈纶、涤棉、棉等），纺纱过程都可以顺利进行，说明该技术具有较好的适应性。还测试了所纺纱的各项性能指标，包括强力、毛羽、条干和摩擦性能等，显示出各项指标都能满足织造要求，采用不同纤维可以获得不同特性的面料，如腈纶纱具有羊绒般柔软的手感。

总之，作品在设计思路、产品效果等方面，都具有一定的新意。

作品在粗纱纺制过程中的设备改造、工艺优化方面还可以进一步探究，因为其与直接纺制环锭纱的粗纱纺制是不同的；原料采用上仍然是传统的原料，建议采用部分新型纤维；对于开发的纱线应用主要基于分析预测，建议针对不同纱线特性开发相关后续产品。

二等奖

（1）**作品名称：**莫代尔／铜氨／醋酸长丝赛络纺包缠纱

作者单位：德州学院

作者姓名：程倩、闫淑娟

指导教师：姜晓巍

创新点：

①结合醋酸长丝的纤维特性，在改造后的环锭纺细纱机上开发具有包缠效果的新型纱线，纱线结构新颖，风格独特。

②纺纱过程中，创新性地采用了特制吊锭螺帽及调整导纱路径等多项技术措施，保证醋酸长丝张力的稳定。

适用范围：所开发的产品条干均匀、膨松丰满、纱线光滑而毛羽少、强力高、断头少。由其加工的织物清晰，质地轻薄，具有良好的手感和舒适性，手感柔软，光泽柔和，符合环保服饰潮流，可用作高级织物原料，用于加工各种男女时装、男女礼服、高档运动服及西服面料，用途非常广泛。

市场前景：随着人们绿色生活理念的不断加强，消费者在选择纺织品时更加注重产品的环保与舒适性。莫代尔／铜氨／醋酸长丝包缠纱因其优良的性能和独特的风格特征，以及舒适自然的特性，必将受到广大消费者的青睐，成为市场的走俏产品，产品附加值高，具有非常广阔的发展前景。

（2）**作品名称：** 拒水、防污、自洁、低碳、环保功能纱的开发与研制

作者单位： 德州学院

作者姓名： 郑明远、邵在敏

指导教师： 王静

创新点：

①采用创新功能性技术，处理涤纶超细海岛纤维网络丝，形成功能纱，赋予并提高织物拒水功能。

②节能减排、环保。工艺流程缩短，生产时间减少，可降低成本，节约能源。

适用范围： 适用于服装面料，尤其是拒水、防污、自洁、透湿、透气众多防护服中；家用纺织品；还可预见国防、体育、医疗保健、日常生活及各产业等领域。

市场前景： 本研究功能纱功能性良好，处理工艺参数可行，可以为大生产提供理论和实践指导，提高产品附加值，引领纺织企业超越梦想，对带动纺织经济发展、推动社会经济发展具有积极作用。

三等奖

（1）**作品名称：** 低配棉特细号紧密纱产品开发

作者单位： 江南大学

作者姓名： 黄彬、俞洋、张昀

指导教师： 谢春萍、苏旭中

创新点： 通过在 EJM-128 型细纱机上进行了三罗拉网格圈型紧密纺的改造，运用紧密纺纱工艺新技术及相关的关键器材优化配套，可以进一步提高超高支纱的各项性能指标（如大大增强纱线的断裂强力，较大程度地减少 3mm 以上毛羽指数）；同时由于紧密纺技术的运用，降低了对配棉的要求，可以大量减少高等级长绒棉的使用，从而可以降低 300S 超高支紧密纺精梳棉纱成本。

适用范围： 适用于高档衬衣、家纺产品用纱。

市场背景： 300S 超高支紧密纺精梳棉纱可以用于高档色织布，也可用于高支高密面料的研究与开发，纯棉高支高密面料以其技术含量、附加值高，是近些年来纺织产品发展的方向；300S 超高支紧密纺精梳棉纱与丝、麻、羊绒等纤维混纺的高支纱线产品，开发一些此类的功能性产品，以这个方向为延伸，持续打造高科技尖端技术产品；300S 超高支纯棉纱所织面料质地紧密、光泽似绸、手感柔软、吸湿透气好、色泽鲜艳等诸多特点，以其独特的质感、优越的服用性能，彰显高贵与典雅气质，可谓是精品中的极品，与日趋增长的社会需求相适应，市场前景广阔。

（2）**作品名称：** 花式段彩纱的开发与设计

作者单位： 江南大学

作者姓名： 梅勋、张洪、李晓侃

指导教师： 徐伯俊、刘新金

创新点： 本设计的创新点在于采用了 ZJ-5A 型智能竹节纱控制装置加载在细纱机上进行纺制段彩纱，改装置具有简单实用，易操作，经济效益高的特点。本课题还实现了多种材料多种纤维的混纺，开拓了材料利用的广度。此外，课题还可以采用与紧密纺技术结合的办法更好地改善纱线性能。

适用范围： 目前，花式纱线已广泛应用于服装、装饰、产业用各类制品。

市场背景： 随着市场经济的发展和人民生活水平的提高，服装面料逐渐向时尚化、个性化发展，进而为了顺应市场的需求，纺织产品的开发向更新、更奇、多元化的方向发展。花式纱线的发展，改变了纱线的结构，进而形成了独特的产品风格，并增加了织物的质感，使产品具有鲜明的外观效应和丰富的色彩。

5. 参赛体会

创新与传承之路

王海楼（一等奖获得者）：博士毕业后任南通大学纺织服装学院教师

2011 年，我们在邢明杰老师的带领下，有幸获得了大赛一等奖。作为我们的指导老师，邢老师全程带领，从理论层面和实践层面给予了全面指导。

全国大学生纱线设计大赛是一次有趣的巧合，在我们在课堂上学习新知识的时候，给我们提供了一个动手实践的契机，也给我们提供了一个与兄弟院校学生比拼才艺的舞台。

年轻无畏的尝试、不期结果的努力、源于兴趣的召集、答疑解惑的引导，这些让我们形成了一支不错的团队，不断解决不时蹦出的问题。这次比赛加强了我们将理论用于实践的能力，加深了对专业知识的理解和感悟。将知识活学活用，关键是要迈出那一步的勇气。在打牢基础常识的同时，又要不断求新、勇于创新、敢于打破惯性思维。这次比赛经历是一笔宝贵的无形财富，为后来的学习和工作沉淀了有益经验。在如今的教师生涯中，我也将延续比赛时的精神，指导学生更好发展。

感谢大赛主办方为我们提供这么好的平台，希望全国大学生纱线设计大赛越办越精彩，也希望有更多的学生积极参与，展示自我，同台竞技。

纺纱人的初心

宋业达：一等奖获得者（共同），现为立达集团（常州）纺纱研究中心工程师

通过纺纱大赛坚定了我潜心钻研纺纱技术，投身纺织行业的初心。毕业已 8 年有余，踏上工作岗位后，我便把那份初心转化为事业发展的奋斗目标与精神动力，我也如愿进入全球领先的短纤纺纱机械供应商立达（中国）纺织仪器有限公司。参赛中的锐意创新、团队协作的精神一直鞭策我在新的环境中不断学习成长。

赛事已成过往，但初心不忘使命在肩，我们纺纱人将乘风破浪、不负韶华，秉承纺纱大赛精神行稳致远。

从精神中汲取力量

郑向华（一等奖获得者）：硕士毕业后作为选调生进入公务员系列，现为山东省莒县主任科员

在参赛的选题方面，我们多次召开小组会讨论。那一次次的讨论，加深了我们对专业课知识的学习，增强了我们对纺织的认识。邢老师凭借专业的素养，为我们的选题提供了方向。最终，我们大胆选择了"基于包覆纺纱技术的超粗特新型短纤纱的开发"这个课题。在学校的纺纱实验室里，我们加班加点。一次又一次的失败没有击退我们，调整参数，不断试验。那些日子，我们三个小伙伴提前过起了"研究生"的生活，查文献，做实验，不厌其烦的开展我们的"研究"。功夫不负有心人，我们最终成功研制出了超粗特包缠纱，并且以总评第 1 名的成绩获得了当年纱线设计大赛唯一的一等奖。

九年之后，再来回忆当时的比赛，感受最深的不是获得了优异的成绩，而是比赛过程中从老师和同学身上学到的敢于创新、不畏挫折的精神。我们参加比赛，最重要的不是获奖，而是享受与老师、同学互相促进、互相帮助、互相交流的过程。团队精神、科学的研究方法、积极的态度和创新思维是我最大的收获，也是促进我不断奋斗的力量，让我受益终身。

　　有了当年全国纱线设计大赛的经验，我的读研之路显得顺畅很多，不管是选题，还是实验，我更加注重团队的合作，更加注重课题的创新性，更加的敢于面对科研中遇到的困难与挫折。毕业之后，我考取了家乡的选调生，虽然没有再从事纺织有关的工作，但是当时参赛时候的精神一直鼓舞着我。基层的工作很苦很累很枯燥又很接地气，我能够很快的融入到同事中去，与他们打成一片；遇到棘手的工作不发憷，比较善于换种思路去解决问题；平常工作加班加点，我比较能耐得住性子，扎扎实实的完成工作。回顾这九年来的学习、工作经历，大赛的经历中所学到的精神影响着我不断前进。

（三）第三届全国大学生纱线设计大赛

1. 基本情况简介

全国大学生纱线设计大赛是面向国内纺织服装院校的专业赛事，已由东华大学成功举办两届。本次大赛旨在传承、发展和开创纱线、面料产品的原创性、时尚性与功能性，加强纺织专业院校、纺织生产企业、社会各界纺织服装设计人员的交流、展示与合作，引导并激发高校学生的学习和研究兴趣，培养学生创新精神和实践能力，发现和培养一批在纺织科技上有作为、有潜力的优秀人才。在前两届纱线大赛的基础上，决定举办"云蝠杯"纱线设计暨"金辉杯"面料设计大赛。

赞助单位：江苏云蝠服饰有限公司、苏州金辉纤维新材料有限公司

主办单位：教育部高等学校纺织服装教学指导委员会、中国纺织服装教育学会

承办单位：江南大学

大赛主题：原创性、功能性、时尚性

时间安排：

A. 组织发动阶段（2012 年 5 月至 6 月）

B. 组织申报、作品递交及评审阶段（2012 年 5 月至 9 月）

C. 评审总结、表彰阶段（2012 年 11 月至 12 月）

参赛情况：

12 月 22 日至 23 日，由教育部高等学校纺织服装教学指导委员会、中国纺织教育协会主办，江南大学承办的全国大学生第三届全国大学生纱线（云蝠杯）、面料（金辉杯）设计大赛在江南大学纺织服装学院举行。15 所高校的 700 多名同学携 200 多件作品入围比赛，参加了角逐。

23 日，举行颁奖典礼，中国纺织服装教育学会会长倪阳生、校党委副书记符惠明、教务处处长崔宝同、学生处处长朱飞、纺织服装学院院长葛明桥、学院党委书记梁惠娥、苏州金辉纤维新材料有限公司谈辉董事长、江苏云幅服饰有限公司吴燕铭女士出席了典礼。典礼由纺织服装学院副院长王鸿博主持。

最终，纱线设计、面料设计分别选出一等奖两项、二等奖四项、三等奖六项、优秀奖 18 项，与会领导嘉宾为获奖学生颁奖并拍照留念。来自东华大学、天津工业大学的三名教授作为评委代表对大赛作了点评，表示此次大赛参赛作品水平普遍较高，能很好地联系所学知识，贴近大赛主题。

本次比赛前后历时半年，大赛基本沿袭了东华大学第二届纱线设计大赛的参赛条件及要求，特别强调参赛作品的原创性、功能性、时尚性。与前两届相比，本次比赛参与人数更多，参与面更广，创意更新颖，作品更实用。东华大学、天津工业大学、江南大学、苏州大学、河南工程学院、德州学院等众多高等院校的学生参加了本次比赛。

图 3-1 评审现场

图 3-2 颁奖典礼

图 3-3 大赛评委合影

2. 评委会名单

中国纺织服装教育协会会长倪阳生、校党委副书记符惠明、教务处处长崔宝同、学生处处长朱飞、纺织服装学院院长葛明桥、学院党委书记梁惠娥、苏州金辉纤维新材料有限公司谈辉董事长、江苏云蝠服饰有限公司吴燕铬女士，还有东华大学郁崇文教授、郭建生教授和天津工业大学王瑞教授等。

3. 获奖名单

表 3-1 第三届纱线设计大赛获奖名单

奖项	院校	作品名称	参赛者	指导教师
一等奖（2项）	江南大学	300S棉/蚕丝包芯纱产品的开发	邬厚兴、任桂宏、邓肖祥	谢春萍、苏旭中
	江南大学	低配棉/棉（200S）紧密纺包芯纱产品的开发	张峰、葛亮、罗来晨	苏旭中、谢春萍
二等奖（4项）	江南大学	多色彩多组分赛络段彩纱产品的开发	陈铭燕、柯尊重、陈隆云	徐伯俊、刘新金
	德州学院	康纶/Modal/JC/细铜氨(35/35/15/15)9.8ksj纱线	邢利兵、成禄、王泽超	张伟、张梅
	德州学院	半精纺羊绒/羊毛/JC赛络花式纱	翟翠翠、纪伟、赵长虹	张伟、朱莉娜
	江南大学	9.7tex竹/涤针织紧密包芯纱	刘欢、刘蕊、万鹏飞	刘新金
三等奖（6项）	天津工业大学	拉伸细化牦牛绒与绢丝混纺低特纱	郑清清	刘建中
	德州学院	基于双彩段彩纺纱技术的抗菌抗起球羊绒混纺花式纱线	纪伟、郭富饶、刘洪升	张梅、徐静
	德州学院	舒适、环保、健康蚕蛹蛋白纤维/铜氨纤维混纺纱	任秀荣、王平平、黄丽莎	窦海萍
	德州学院	吸湿腈纶/Modal/JC/羊毛14.8K纱线	王洋、邢丽颖、崔宵龙	张伟、赵萌
	德州学院	Modal/细A/天丝/活性炭(50/20/20/10)14.8K混纺纱	张璐、武春梅、王洋	张伟、赵萌
	德州学院	基于涡流纺纱技术的阻燃混纺纱线	冉庆明、李洁琼、迟淑丽	王秀芝、张梅

	德州学院	精梳棉/莫代尔/白竹炭抗菌纱线的开发	邱雪莲、宋丽娟、路丹丹	叶守岌
	德州学院	线动心弦——五彩、健康、养生花式线的开发与研制	尹燕、杨林、曹秀兰	杨楠
	中原工学院	天丝彩涤色纺缎彩包芯纱	王松、岳扬、皇甫帅威	叶静
	德州学院	抗静电、抗起球腈纶/黏胶赛络纺针织纱	张彩云、田东、潘霞	窦海萍、王秀燕
	中原工学院	复合纤维弹力竹节包芯纱	史征涛、戚稳利、张小俊	王曦、陈守辉
	德州学院	JC/M/羊毛/雨露麻(35/25/25/1)	王泽超、纪伟、赵长虹	张伟、朱莉娜
	德州学院	PTT/黏胶/抗菌中空涤纶三组分弹力纱	姚伟、田东、邢立斌	窦海萍、张梅
优秀奖 （18项）	中原工学院	抗菌防紫外线及防水防油防污"三防"感温变色集成功能纱线	张俊芝、李成普、陈慧敏	朱正峰
	德州学院	竹纤维/细铜氨/吸湿腈纶14.8KS	彭田田、成禄、张璐	张伟、曲铭海
	德州学院	黏胶/Modal/JC(70/20/10)14.8tex赛络纺纱线	秦美琪、马红、万常贵	曲铭海、宋科新
	德州学院	棉/天丝/珍珠纤维功能性赛络混纺纱线	张瑞雪	张梅
	武汉纺织大学	防静电服专用抗静电材料	王子琪、何倩、徐正林	陈军
	德州学院	天丝/Modal/细铜氨(50/30/20)赛络花式纱	纪伟、翟翠翠、姜采青	张伟、宋科新
	德州学院	多功能精梳棉/白竹炭/莫代尔混纺赛络紧密纱	任秀荣、王淑华、任挺惠	窦海萍、王秀芝
	德州学院	夏季风——智能空调纤维功能性纱线的开发	司祥平、高琼、贺欣欣	张会青、王秀燕
	德州学院	天丝/竹纤维/甲壳素纤维抗菌绿色环保纱线	尚肖风、张瑞雪、伊芹芹	张梅、王秀芝
	德州学院	吸湿排汗杀菌除臭环保多功能纱	田东、姚伟、杨青良	窦海萍、梁玉华
	德州学院	28tex有氧亲肤防辐射纱的开发	杨林、尹燕、曹秀兰	杨楠

4. 获奖作品介绍

一等奖

（1）作品名称： 300S 棉 / 蚕丝包芯纱产品的开发（图 3-4）

作者单位： 江南大学

作者姓名： 邬厚兴、任桂宏、邓肖祥

指导教师： 谢春萍、苏旭中

设计思路： 棉纤维和蚕丝均为天然纤维，其织物与肌肤接触无任何刺激，无负作用，久穿对人体有益无害，服用性能良好。但采用棉和天然蚕丝作原料纺包芯纱，由于纤维长短差异较大，纺制较为困难，尤其是纺高支纱。本设计通过对紧密纺技术的深入研究，以及对特细支棉 / 蚕丝包芯纱工艺参数的合理配置，开发出 300S 棉 / 蚕丝包芯纱产品，该产品集棉纤维的柔软、舒适性和丝纤维柔和的光泽、悬垂性为一体，其织物高贵、典雅，穿着舒适自然、安全环保。

创新点： 采用 1.1D 天然蚕丝作为芯纱，300S 精梳棉纱作为包覆纱，既可以实现包芯材料的多样性，又突破了包芯纱纱支的最高极限；采用紧密纺技术在集聚区完全控制纤维以及将加捻三角区减小到最低程度，利于减少纤维损失和增加对纤维的集聚、握持作用，使得 300s 棉 / 蚕丝包芯纱获得较好的包覆效果和良好的成纱质量；300S 棉 / 蚕丝包芯纱织物高贵、典雅，穿着舒适自然、安全环保，迎合了市场的需求，提升了产品在市场上的竞争优势。

原料选配： 棉纤维含量为 62%（平均长度为 39.2mm，细度为 1.36dtex）。

纱线性能参数： 3mm 以上毛羽指数 17；断裂强力为 68.2cN；断裂强力 CV 为 4.8%；断裂伸长率为 6.3%；断裂伸长率 CV 为 14.4%。

产品用途： 该纱线可以制作成高档轻薄针织产品如 T 恤、围巾、披肩等等，其产品集棉纤维的柔软、舒适性和丝纤维柔和的光泽、悬垂性为一体，具有高贵、典雅、舒适自然、安全环保。此产品推向市场后可深受人们青睐，并可获得良好的经济效益，并能够保持和提升我国纺织业在国际纺织品市场的重要地位、增强企业的竞争力。

专家点评： 该作品利用天然的蚕丝作为芯纱，利用蚕丝极细的特点，配以精梳棉，纺制出极细的包芯纱（300S）。作品的制备中采用了紧密纺和包芯纱技术相结合，较好地实现了极细支外包纱对芯纱的包覆，有一定的技术难度。但是，对于蚕丝用作芯纱的经济性和必要性，还可进一步明确阐述。

图 3-4 300S 棉 / 蚕丝包芯纱

（2）作品名称： 低配棉／棉（200S）紧密纺包芯纱产品的开发（图 3-5）

作者单位： 江南大学

作者姓名： 张峰、葛亮、罗来晨

指导教师： 苏旭中、谢春萍

设计思路： 包芯纱线具有高附加值，价格比较贵，生产工艺较为复杂，但包芯纱的市场需求量在不断增长，尤其是采用紧密纺技术生产的包芯纱更是具有良好的经济效益，其纱线价格远远高于普通环锭纱。本作品选用 200S 低配棉紧密纺纱线作为纱芯而不是采取传统的化纤长丝，同时外包纤维长度较短的低配棉，开发出一种新型超高支低配棉／棉（200S）紧密纺包芯纱。该产品手感柔软、细腻光滑，具有良好的透气、吸水性能，可大幅提高织物的服用性能，附加值高。

创新点： 创新采用天然纤维——棉纤维作为包芯纱的纱芯，可大幅提高包芯纱的吸水性和透湿性，同时具有良好的手感和舒适性；整个包芯纱都运用了棉纤维，而且是品级较低的低配棉，不仅大大拓宽了低配棉材料在高支纱的运用范围，同时为低配棉超高支紧密纺纱尤其是紧密纺包芯纱这一领域提供了理论依据，大大提高了棉型短纤维的利用率。

原料选配： 粗纱中长绒棉的含量为 28.3%，长绒棉长度为 38mm，粗纱定量为 3.0g/10m，捻系数为 102.3。

纱线性能参数： 单纱线密度为 5.8tex；断裂强力为 95.2cN；强度为 16.33cN/tex；条干 CV 为 17.20%；3mm 以上毛羽指数为 7.4。

产品用途： 本作品开发出来的超高支低配棉／棉（200S）紧密纺包芯纱线能够运用到机织物或者针织物上，所生产的织物柔软，手感细腻，舒适性、保暖性好。同时，本作品的成功设计可为低配棉超高支紧密纺纱尤其是紧密纺包芯纱这一领域提供设计依据，大大降低纱线生产成本，拓宽棉纺材料的适用性，提高低配棉的使用效率，增强企业的竞争力。

专家点评： 该作品结合包芯纱、紧密纺的特点，针对紧密纺成纱强力高的特点，采用长绒棉和细绒棉搭配且细绒棉比例高达 70% 左右的较低配棉方案，既保证了纱的质量，又有效降低了配棉成本。并以低配棉的 200S 紧密纺棉纱作为纱芯，纺制出 5.8tex（约 100S）的棉／棉包芯纱。作品的构思新颖，对生产实际有较好的参考作用。但棉／棉包芯纱的特点和用途阐述可更明确、具体。

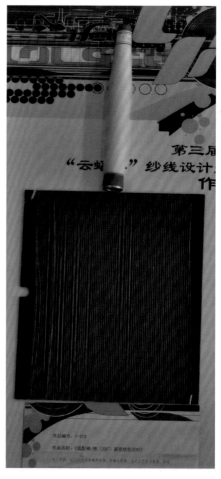

图 3-5 低配棉／棉（200S）紧密纺包芯纱

二等奖

（1）作品名称： 多色彩多组分赛络纺段彩纱（图3-6）

作者单位： 江南大学

作者姓名： 陈铭燕、柯尊重、陈隆云

指导教师： 徐伯俊、刘新金

设计思路： 随着消费者对服装面料色彩多样性需求的增加，段彩纱这种具有独特风格的多纤维混纺纱逐渐为市场接受。多色彩多组分赛络段彩纱的出现更是拓宽了复合纺纱系列的产品多样性、丰富了服装纱线面料。本作品基于对段彩纱、赛络纺技术的深入研究，以及对细纱工艺参数的合理配置，采用三种颜色的粗纱，开发出一种新型多色彩多组分赛络段彩纱，该产品具有更加丰富的外观风格。

创新点： 采用两种不同颜色的彩色粗纱从后罗拉双孔喇叭口间断喂入，白色粗纱由中罗拉喇叭口连续喂入；作品采用段彩纱技术结合赛络纺技术，开发出的多色彩多组分赛络段彩纱色彩层次感更加鲜明，纱线外观风格丰富。

原料选配： 白色纯棉粗纱定量为5.384g/10m；红色粗纱定量为5.952g/10m；蓝色粗纱定量为4.152g/10m。

纱线性能参数： 分别纺制三种不同段彩长度的纱线——

1# 纱线：彩纱长度为30mm，白纱长度为120mm；线密度为30tex，条干CV为17.35%，3mm毛羽指数为42.9，断裂强力为540.8cN；

2# 纱线：彩纱长度为50mm，白纱长度为150mm；线密度为30tex，条干CV为16.66%，3mm毛羽指数为37.9，断裂强力为575.8cN；

3# 纱线：彩纱长度为60mm，白纱长度为160mm；线密度为30tex，条干CV为16.87%，3mm毛羽指数为38.1，断裂强力为550.5cN。

产品用途： 本作品多色彩多组分赛络段彩纱具有丰富外观效果，可以广泛地运用到机织或者针织织物，也可以用作服装面料，装饰物面料等。

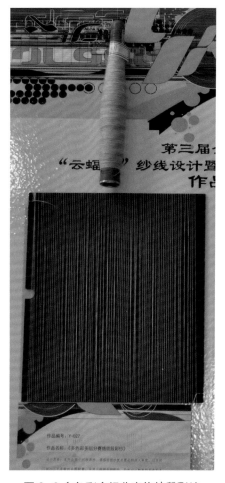

图3-6 多色彩多组分赛络纺段彩纱

（2）作品名称： 康纶 /Modal/JC/ 细铜氨 (35/35/15/15) 9.8ksj 纱线（图 3-7）

作者单位： 德州学院

作者姓名： 邢利兵、成禄、王泽超

指导教师： 张伟、张梅

设计思路： 将康纶、Modal、JC、细铜氨进行科学的配比，合理选择混纺工艺流程，对纺纱各工序特别是细纱工序进行工艺参数优化，开发出一种符合质量要求的新型功能性纱线。

创新点： 各纤维元素有机结合，发挥各纤维的特点，增强产品的吸湿性、柔软性，舒适性，并能其织出具有良好的光泽，手感滑爽、轻薄，色泽鲜艳，强度高、弹性好的原料，从而符合现代人的穿着要求；面料成分功能互补，Modal 与 JC 混纺可以改善面料的服用性能，使面料具有弹性，增加色牢固，使面料富有光泽，改善面料手感；Modal 纤维柔软，光洁，具有合成纤维的强力和韧性，吸湿能力强，兼有天然的抗皱性和免烫性，是现代服装的新型面料。

原料选配： 康纶 /Modal/JC/ 细铜氨 (35/35/15/15)。

纱线性能参数： 单纱线密度 CV 为 4.0%，股线线密度 CV 为 3.0%；单纱断裂强力为 90cN，股线断裂强力为 160cN；起球为 3 级。

产品用途： Modal 纤维是新型环保纤维，是纺织工业的重要原料，它具有染色性好、吸湿性强、耐热耐日光等优点；康纶的织物及其制品集抗菌除臭和吸湿速干两种流行的功能于一体，可以同时通过世界上最为严格在美国 AATCC-100 抗菌测试和相关的吸湿速干测试，其沟槽状纤维和独特的面料设计，使穿者皮肤始终保持干爽清凉的感觉，是运动休闲和居家服饰的理想选择；JC 具有吸湿性好，滑爽，穿着舒适，易洗易干；细铜氨犹如真丝。这四类纤维混纺综合了它们的优点，能满足人们日益增长的消费需求，达到健康环保的绿色消费理念。织物在市场上具有很强的竞争力。

专家点评： 该作品采用了包括康纶、铜氨纤维、Modal 等新型纤维的四种纤维原料进行混纺，充分发挥各纤维的特点，使纱能综合体现四种纤维各自的优点。本作品的特点是混纺的纤维种类较多，达到了四种。试验中对工艺参数的探索较全面，但对康纶和铜氨纤维的性能特点介绍以及最终混纺纱的性能测试还不够清晰、全面。

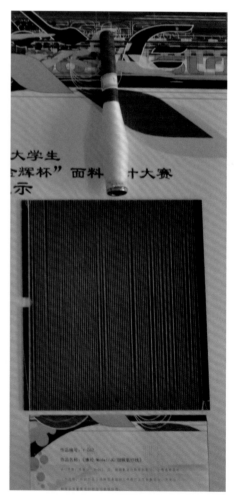

图 3-7 康纶 /Modal/JC/ 细铜氨纱线

（3）作品名称： 半精纺羊绒／羊毛／JC 赛络花式纱（图 3-8）

作者单位： 德州学院

作者姓名： 翟翠翠、纪伟、赵长虹

指导教师： 张伟、朱莉娜

设计思路： 随着社会的高速发展，人们对于穿着的舒适性环保性时尚性的要求也越来越高。为满足市场需求，我们利用羊绒，羊毛，精梳纯棉三种纯天然纤维，采用半精纺和赛络纺技术，纺制出规格 23.8tex 花式纱线。三种纤维混纺，降低羊毛羊绒的成本，增加纱线的柔软性和吸湿性，改善了织物的光泽和手感，提高了织物的档次。

创新点： 半精纺和赛络纺有机结合，将三种纤维混纺，具有产量高、流程短、用工省、成本低等优势。用半精纺工艺纺制的纱线具有色泽亮丽、纤维混合均匀、纱线手感蓬松柔软、表面光洁等优良性能。

原料选配： 羊毛／羊绒／JC(45/30/25)，23.8tex。

纱线性能参数： 单纱线密度 CV 为 8.0%，股线线密度 CV 为 9.5%；单纱断裂强力为 80cN，股线断裂强力为 160cN；起球为 3 级。

产品用途： 利用半精纺工艺对羊毛羊绒进行加工，与精梳纯棉在细纱机上采用赛络纺工艺，纺制花式纱线。纯天然的纤维作为原料，且三种纤维舒适柔软，吸湿排汗，保暖保温功能相结合，纺制而成的环保色纺纱线织成面料做成的服饰能满足人们对低碳环保理念的追求。半精纺工艺缩短了工艺流程，降低了成本，使纱线本身价格降低。同时利用新型赛络纺工艺纺制的花式纱线，花式纱线的多元组合不仅使产品形态丰富多彩，而且功能互补，提高了结构的稳定性及实用性。利用纱线固有的花式效果，形成的织物具有天然的色彩搭配，给人一种自然淡雅的美感，深受消费者喜爱。

图 3-8 半精纺羊绒／羊毛／JC 赛络花式纱

三等奖

（1）作品名称： 拉伸细化牦牛绒与绢丝混纺低特纱（图 3-9）

作者单位： 天津工业大学

作者姓名： 郑清清

指导教师： 刘建中

设计思路： 绢丝纤维纤细轻柔，手感滑爽，有很好的光泽，是夏季面料的首选原料，但绢丝产品易起皱，护理难，还有仅适宜夏季穿着的时间限制性。牦牛绒纤维细，弹性好，手感滑糯柔软，光泽柔和，保暖性好。但纤维较短，长短差异较大，纺低特纱困难，通常纺中高特纱，用于生产厚重产品。本设计采用拉伸细化牦牛绒与绢丝混纺，力求使两种原料优势互补，利用半精纺纺纱工艺，开发更优质的低特混纺纱线。

创新点： 采用拉伸细化牦牛绒与绢丝混纺，可以大幅提高原料可纺性，纺出 10tex 以下低特纱。优良的原料性能结合精细的纱线质量，使产品具有更轻薄、柔软、挺括、滑垂、亮丽、舒适、美观的特殊品质。

原料选配： 拉伸细化牦牛绒含量为 70%（平均长度为 31.38mm，平均直径为 17.26μm），绢丝含量为 30%（平均直径为 11.42μm，切断长度为 45mm）。

纱线性能参数： 单纱线密度为 8.8tex；断裂强力为 41.7cN；强度为 4.7cN/tex；捻度为 101.47T/10cm。

产品用途： 该纱线可以用于开发高档毛绒产品，加工制作轻薄针织物和梭织面料产品如 T 恤、内衣、围巾、披肩等等。产品体现绒 / 丝两种纤维的性能优点，具有轻柔挺括、光泽亮丽、吸湿透气、穿着舒适、美观典雅的优良品质，可以满足一年四季的穿着需求，有广泛的市场开发前景和较高的经济效益预期。

（2）作品名称： 基于双彩段彩纺纱技术的抗菌抗起球羊绒混纺花式纱线（图 3-10）

作者单位： 德州学院

作者姓名： 纪伟、郭富饶、刘洪升

指导教师： 张梅、徐静

设计思路： 在纺织技术飞速发展的今天各种新型纺纱层出不穷。利用羊绒、竹纤维和腈纶三种环保型纤维，采用半精纺和段彩纱纺纱技术，纺制出规格为羊绒 / 竹纤维 / 腈纶 50/30/20 38tex 的段彩花式纱线。羊绒纤维的舒适柔软，吸湿排汗的性能，同时加入竹纤维的舒适性和抗菌除臭及抗紫外线的环保功能和腈纶纤维，使其具有抗起球性。

创新点： 三种纤维的合理搭配，使织物具有舒适柔软，平整光泽，兼具抗菌抗起球的特性，提高了织物档次，有利于人们的身体健康，符合时尚环保功能性的时代主题。同时利用半精纺和段彩纺纱技术，纺织新型的功能性花式纱线，满足消费者的消费需求，提高市场竞争力，具有良好的经济效益和市场前景。

原料选配： 羊绒 / 竹纤维 / 腈纶 (50/30/20)，纱线细度为 38tex。

纱线性能参数： 单纱线密度 CV 为 5.0%，股线线密度 CV 为 5.5%；单纱断裂强力为 352cN，股线断裂强力为 704cN；起球等级为 5 级。

产品用途：采用羊绒、竹纤维、腈纶三种纤维混纺形成的纱线，具有穿着舒适、柔软光滑、光泽柔和等特性，服用性能良好。竹纤维的抗菌除臭、抗紫外线性又赋予纱线一定的功能性，同时加入抗起球性腈纶改善纱线表面效果，提高纱线的耐磨性，使织物便面平整光泽，维持其舒爽柔滑的性能，时尚环保功能性符合时代的主题。新型纺纱纺出具有双彩段彩效果的花式纱线，将花式纱与花色纱相结合，改变了纱线的结构，具有花式纱的独特风格，又融汇了花色纱色彩丰富的特点，形成了彩霞般的独特布面效果。形成的织物具有天然不规则的花式效果，其色彩变化丰富且有层次与立体感。

图 3-9 拉伸细化牦牛绒与绢丝混纺低特纱 | 图 3-10 基于双彩段彩纺纱技术的抗菌抗起球羊绒混纺花式纱线

（3）作品名称：舒适、环保、健康蚕蛹蛋白纤维／铜氨纤维混纺纱（图 3-11）

作者单位：德州学院

作者姓名：任秀荣、王平平、黄丽莎

指导教师：窦海萍

设计思路：基本思路是通过实验的方法确定最佳的蚕蛹蛋白纤维与铜氨纤维混纺纱生产工艺，尤其对蚕蛹蛋白纤维与铜氨纤维混纺纱主要工艺参数即采取的技术措施提供科学的依据。

创新点： 首创了蚕蛹蛋白纤维与铜氨纤维混纺纱的设计方案，实现了具有独特的保健、护肤美容以及抗紫外线、防止皮肤瘙痒等多种功能性的环保健康紧密赛罗纱的开发；探索了利用蚕蛹蛋白纤维纺纱的工艺，得出了适纺工艺条件及合理的工艺参数，为生产实践提供了指导依据，填补了国内蚕蛹蛋白纤维与铜氨纤维混纺纱制造工艺的空白。

原料选配： 蚕蛹蛋白纤维长度为 38mm，线密度为 1.67dtex，断裂强度为 2.15cN/dtex，断裂伸长率为 22.81%；铜氨纤维长度为 38mm，线密度为 1.4dtex，断裂强度为 2.69cN/dtex，断裂伸长率为 11.99%。蚕蛹蛋白纤维 / 铜氨纤维混纺比为 70/30。

纱线性能参数： 蚕蛹蛋白纤维 / 铜氨纤维（70/30）14.8tex 针织纱，单纱强力变异系数为 7.0%，百米重量变异系数为 1.6%，条干均匀度变异系数为 12.3%，单纱断裂强度为 14.7cN/tex，百米重量偏差为 ±0.4%。

产品用途： 新开发的 14.8tex 舒适、环保、健康蚕蛹蛋白纤维 / 铜氨纤维 (70/30) 混纺紧密赛络纱，可作为针织纱和机织纬纱制作 T 恤、内衣、高档服装面料等。其面料具有滑爽如真丝、柔软似羊绒的手感、润泽皮肤、抗紫外线、吸湿透气性优良、吸湿排湿、耐磨性和抗起球性能好、具有亮丽的光泽、健康时尚等特点，是织造高档面料的理想纱线。

（4）作品名称： 吸湿腈纶 /Modal/JC/ 羊毛 14.8K 纱线（图 3-12）

作者单位： 德州学院

作者姓名： 王洋、邢丽颖、崔宵龙

指导教师： 张伟、赵萌

设计思路： 当今，人们对于织物面料舒适度及低碳环保的要求不断提高，因此利用吸湿腈纶的保暖性、绿色环保莫代尔纤维的吸湿性、棉的舒适性、羊毛的良好弹性，通过精纺纱技术，纺制出具有抗起球功能、毛羽少、强力高、结构紧密、吸湿透气良好、摩擦性能好且具有环保功能的针织纱线，改善了织物的光泽和手感，提高了织物的档次，还有利于人们的身体健康，同时也为绿色环保做出了重要的贡献。

创新点： 利用先进的精纺技术，满足了客户对产品档次、规格的不同需求，提高了织物在市场上的竞争力，具有良好的经济效益和市场前景。

原料选配： 吸湿腈纶 /Modal/JC/ 羊毛 (40/30/20/10)。

纱线性能参数： 单纱强力变异系数为 11.1%，单纱断裂强度为 15cN/tex，百米重量变异系数为 1.3%，条干均匀度变异系数为 11%。

产品用途： 该产品原料采用腈纶、莫代尔、精梳棉、羊毛四种各具特性的纤维，并采取精纺纱工艺，使四种纤维的优点集中在一起，保持了高贵典雅舒适的特性，更有绿色环保、安全、舒适功能。四种纤维以合理的比例搭配，降低了成本，而且成纱质量优良，强力、毛羽、棉结都优于普通环锭纺纱线。其面料具有极好的吸湿性、透气性和保暖性，能保持柔软、滑爽、蚕丝般柔和光泽，频繁水洗后依然柔顺，环保功能优良。赛络紧密纺使纱线毛羽少，强力高，结构紧密，摩擦性能好。该纱线给人们带来的是最时尚、最自然、最优雅的生活。

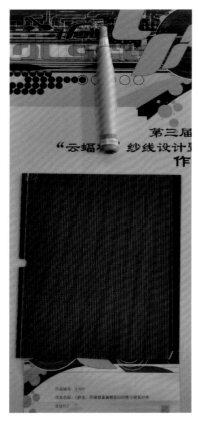

图 3-11 舒适、环保、健康蚕蛹蛋白纤
维与铜氨纤维混纺纱

图 3-12 吸湿腈纶 /Modal/JC/ 羊毛
14.8K 纱线

（5）作品名称： Modal/ 细 A/ 天丝 / 活性炭 50/20/20/10/14.8K 混纺纱（图 3-13）

作者单位： 德州学院

作者姓名： 张璐、武春梅、王洋

指导教师： 张伟、赵萌

设计思路： 随着人们对于织物面料舒适度及绿色环保的不断追求，利用 Modal/ 细 A/ 天丝 / 活性炭四种纤维，采用混纺技术，纺制出规格为 Modal/ 细 A/ 天丝 / 活性炭混纺 50/20/20/10/14.8K，颜色为浅灰色的纱线。

创新点：

①纤维的合理搭配和应用：纤维素纤维和合成纤维的合理搭配，使面料具有极好的吸湿性、透气性、染色性和耐日光性，并能使其织品具有良好的光泽，手感滑爽、轻薄，色泽鲜艳，强度高，弹性好，吸湿放湿性好，是夏季 T 恤、外衣、内衣理想的原料。

②混纺技术的应用：该纺纱技术纺制出的纱线光滑柔软，毛羽少。混纺纱的强力高，弹性好，摩擦性能好。在成纱质量、产品适应性及织物风格方面，具有较高的优越性。

原料选配： Modal/ 细 A/ 天丝 / 活性炭 (50/20/20/10)。

纱线性能参数： 单纱线密度变异系数为 9.3%，单纱强力为 85cN，起球等级为 4 级。

产品用途： 研发的 Modal/ 细 A/ 天丝 / 活性炭绿色环保针织纱线，其原料选用 Modal 纤维、天丝纤维、细 A 纤维和活性炭纤维。用这四类纤维所生产的混纺纱，条干、粗节、细节、毛羽、强力指标都相当好，使面料具有极好的吸湿性、透气性、染色性和耐日光性，并使其织品具有良好的光泽，手感滑爽、轻薄，色泽鲜艳，强度高、弹性好，吸湿放湿好，能满足人们日益增长的消费需求，达到健康环保的绿色消费理念。织物在市场上具有很强的竞争力，具有良好的经济效益和市场前景。

（6）作品名称： 基于涡流纺纱技术的阻燃混纺纱线（图 3-14）

作者单位： 德州学院

作者姓名： 冉庆明、李洁琼、迟淑丽

指导教师： 王秀芝、张梅

设计思路： 随着人们对于织物面料健康和环保的不断追求，功能性纱线登上了历史的舞台。本作品利用聚苯硫醚和黏胶两种纤维，采用涡流纺技术，纺制出规格为聚苯硫醚 / 黏胶 (65/35)20tex 的纱线。

创新点：聚苯硫醚具有机械强度高、耐高温、高阻燃、耐化学药品性能强等优点；黏胶纤维具有良好的吸湿透气性，采用涡流纺技术，配合合理的混纺比，纺织出吸湿性好、强度高的高档阻燃纱线。利用这种纱线织成的织物尺寸稳定性好、透气性好，满足了人们对功能性面料的追求，提高了市场竞争力，具有良好的经济效应和市场前景。

原料选配： 聚苯硫醚 / 黏胶 (65/35)。

纱线性能参数： 断裂强度为 20.08cN/tex，断裂强度不匀率为 8.71%，断裂伸长率为 10.5%，毛羽指数（≥ 3mm) 为 0.01，条干不匀率为 14.07%。

产品用途： 充分利用聚苯硫醚和黏胶纤维的优点，提高了纤维的物理性能，扩大了纤维的适用范围，做成的服饰不仅满足人们对黏胶纤维吸湿、透气性的要求，同时也满足了人们对阻燃功效的期待。适应了当今人们追求功能性面料的主题。该纱线做成的面料适合做居室窗帘。

 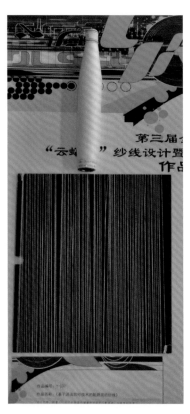

图 3-13 Modal/ 细 A/ 天丝 / 活性炭混纺纱　　图 3-14 基于涡流纺纱技术的阻燃混纺纱线

优秀奖

（1）**作品名称：** 精梳棉 / 莫代尔 / 白竹炭抗菌纱线的开发（图 3-15）

作者单位： 德州学院

作者姓名： 邱雪莲、宋丽娟、路丹丹

指导教师： 叶守岌

设计思路： 如今人们对于织物面料舒适度及功能性的要求不断提高，我们利用精梳棉，莫代尔和白竹炭，采用紧密赛络纺纱技术，纺制出规格为精梳棉 / 莫代尔 / 白竹炭 (80/10/10) 14tex 的纱线。

创新点： 精梳棉具有吸湿性好，滑爽，穿着舒适，易洗易干；莫代尔手感爽滑、细腻、悬垂性好；白竹炭天然植物提取有防菌、防霉、杀虫、除臭，对人体好。利用紧密赛络纺技术能够进一步降低毛羽、改善成纱质量、提高后工序生产效率、改善布面质量，提高了织物的档次。同时，紧密赛络纺纱技术的使用满足了客户对产品档次、规格的不同需求，提高织物在市场上的竞争力，具有良好的经济效应和市场前景。

原料选配： 精梳棉 / 莫代尔 / 白竹炭 (80/10/10)。

纱线性能参数： 单纱线密度变异系为 13.58%，单纱强力变异系数 5.25%，回潮率 6.3%。

产品用途： 充分利用精梳棉，莫代尔，白竹炭各纤维的优点，提高了纤维的物理性能，扩大了纤维的适用范围，基于紧密赛络纺纱技术纺制的纱线织成面料毛羽少、手感柔软、耐磨、透气性能好，做成的服饰能满足人们对健康时尚的追求，适应了当今休闲时尚的主题。随着时代的发展人们对纱线的功能越来越高，功能性纱线的出现，顺应了消费时尚化、个性化、专业化及功能化的消费潮流。

（2）**作品名称：** JC/M/ 羊毛 / 雨露麻 (35/25/25/15) 纱线（图 3-16）

作者单位： 德州学院

作者姓名： 王泽超、纪伟、赵长虹

指导教师： 张伟、朱莉娜

设计思路： 人们对自然环保愈来愈重视，穿着健康、舒适，休闲已成为人们的一个时尚的话题。本设计利用 JC、莫代尔、羊毛、雨露麻绿色环保纤维，采用赛络纺技术，纺制 JC/M/ 羊毛 / 雨露麻 35/25/25/15 的 14.8tex 混纺纱。

创新点： 四种纱线合理搭配，相辅相成，利用棉良好的吸湿性、柔软性、价格低、资源丰富及羊毛的透气性、吸湿性、柔软性、价格较昂贵。莫代尔的高强力和优良的光泽性，雨露麻的高强力，低持续松弛，且具有麻纤维特有的挺阔性以及透气性强却有穿着刺痒的缺点。通过四种纤维混纺工艺，改善织物的手感，光泽，提高了织物的档次。同时利用赛络纺纱工艺，增加纱线的强力和耐磨性能，降低纱线的毛羽，提高织物的竞争力，具有良好的经济效应和市场前景。

原料选配： JC/M/ 羊毛 / 雨露麻为 35/25/25/15。

纱线性能参数： 断裂强度为 20.581cN/tex，断裂伸长率为 12.12%，条干变异系数为 11.32%。

产品用途： 利用 JC、莫代尔、羊毛、雨露麻四种绿色环保纤维进行混纺，通过合理搭配，综合了各种纤维的优良特性，使织物具有舒适柔软的特性。同时运用赛络纺工艺，提高了纱线的强力和耐磨性能，降低了纱线毛羽，织成的面料具有毛羽少、耐磨性强、透气好等特点，改善了织物性能。

图 3-15 精梳棉 / 莫代尔 / 白竹炭抗菌纱线的开发　　　　图 3-16 JC/M/ 羊毛 / 雨露麻纱线

（3）作品名称： PTT/ 黏胶 / 抗菌中空涤纶三组分弹力纱（图 3-17）

作者单位： 德州学院

作者姓名： 姚伟、田东、邢立斌

指导教师： 窦海萍、张梅

设计思路： 本课题应用 PTT 纤维、黏胶纤维与抗菌中空涤纶纤维各自的特性，按不同的比例进行混纺，通过实验的方法确定 PTT/ 黏胶 / 抗菌中空涤纶三组分弹力纱的最佳生产工艺。

创新点： 首创了 PTT/ 黏胶 / 抗菌中空涤纶三组分弹力纱的设计方案，实现了具有独特、卓越的柔软性和弹性回复性、优良的抗折皱性和尺寸稳定性及抗菌和保健功效的弹力针织纱的开发。利用 PTT 纤维纺纱的工艺，得出了适纺工艺条件及合理的工艺参数，为生产实践提供指导依据，填补了国内 PTT 纤维、黏胶纤维和抗菌中空涤纶纤维混纺纱制造工艺的空白。

原料选配： PTT、黏胶纤维、抗菌中空涤纶纤维的混纺比为 50/35/15。

纱线性能参数： 单纱强力变异系数为 4.21%，百米重量变异系数为 1.5%，条干不匀为 10.68%，单纱断裂强度为 19.7cN/tex。

产品用途： 新开发的 PTT/ 黏胶纤维 / 抗菌中空涤纶 (50/35/15)19.7tex 弹力纱可以做春秋季针织服装，高比例的 PTT 纤维易于染色，低静电，耐磨性好，吸水性低，具有卓越的柔软性和弹性回复性、优良的抗折皱性和尺寸稳定性，与氨纶相比更易加工。

（4）作品名称： 抗菌防紫外线及防水防油防污"三防"感温变色集成功能纱线（图 3-18）

作者单位： 中原工学院

作者姓名： 张俊芝、李成普、陈慧敏

指导教师： 朱正峰

设计思路： 在传统环锭纺的基础上，对环锭细纱机稍加改进，在纺纱方法上加以创新，分别设计生产出 Siro+Sirofil 纺以及两次 Sirofil 纺的纱线产品。同时，选取具有特殊功能的芦荟黏胶粗纱、竹炭黏胶粗纱、抗菌黏胶长丝、负离子黏胶长丝等作为纺纱原料制成具有抗菌/防紫外线等功能的系列纱线，随后在不改变纱线原有结构及功能的基础上进行"防水、防油、防污"三防处理，将处理后的纱线进行面料二次设计，并利用感温变色涂料对其进行印染处理，以得到集时尚与功能为一体的综合性纺织产品。

创新点： 在纺纱方法上大胆创新，采用目前并不常见的 Siro+Siorfil 纺及两次 Sirofil 纺的纺纱技术，使所纺制的纱线具有独特结构，较一般纱线强力高，毛羽少、条干均匀。

原料选配： 芦荟黏胶粗纱、竹炭黏胶粗纱、抗菌黏胶长丝、负离子黏胶长丝。

产品用途： 既适用于工作服、军用服等服用领域，又适用于窗帘、床上用品等装饰用领域，应用领域广阔。

图 3-17 PTT/黏胶/抗菌中空涤纶三组分弹力纱

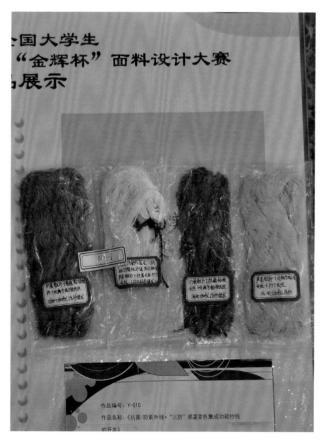

图 3-18 抗菌防紫外线及防水防油防污"三防"感温变色集成功能纱线

（5）**作品名称：** 防静电服用抗静电材料（图 3-19）

作者单位： 武汉纺织大学

作者姓名： 王子琪、何倩、徐正林

指导教师： 陈军

设计思路： 本作品利用新型纺纱技术来开发和研制适用范围更广的抗静电纱线。譬如普通腈纶纱经与不锈钢长丝包缠复合成纱后，其纱线具有优良的导电、抗静电性能，用它编织的针织面料除继续保持腈纶织物原有的特性外，还具有优良的抗静电性能，能够满足抗静电防护的要求，且耐洗涤性好。包缠纺纱方法生产效率高、对原料的适应性强，通过包缠复合成纱工艺可将腈纶纱包缠于不锈钢长丝表面形成芯鞘型的腈纶导电纱，这种方法是其他纺纱方法不足以实现的。

创新点： 本作品利用复合纺纱（包括包芯纺纱、赛络纺纱、赛络菲尔纺纱等各种复合纺纱模式）技术进行抗静电纱线纺制，使其性能及质量都有更大提高。

原料选配： 实验原料为 330tex 棉粗纱、0.76tex 不锈钢长丝和 3.64tex 细纱。

产品用途： 抗静电纱线应用日趋广泛，在功能性衣物的生产、产品包装防护、电缆通讯、航空航天等领域均有涉及。本作品利用赛络菲尔包芯纺技术并加以改进，制成永久性抗静电纱线，其结构稳固，强力较高，伸长较低，毛羽少，抗静电性能也较好，可用于生产防静电服等功能性服装。

（6）**作品名称：** 天丝 /Modal/ 细铜氨 (50/30/20) 赛络花式纱（图 3-20）

作者单位： 德州学院

作者姓名： 纪伟、翟翠翠、姜采青

指导教师： 张伟、宋科新

设计思路： 当今社会的高速发展，人们对于穿着的要求也越来越高，不仅要求所织面料舒适柔软，还要求其具有时尚环保性。我们团队开发的天丝 /Modal/ 细铜氨赛络花式纱，符合时代的主题。利用天丝，Modal，细铜氨三种再生纤维素纤维，采用半精纺和赛络纺技术，纺制出规格天丝 /Modal/ 细铜氨 50/30/20 赛络花式纱线。

创新点： 用天丝纤维的高强力，良好的吸湿性以及莫代尔纤维的亲肤、柔软的特性和细铜氨低细度高强力的特性，运用赛络纺纺制的新型纱线。这是一种舒适环保的高档混纺产品。面料具有华贵时尚，平整光泽的外观、良好的悬垂性、手感好、舒适柔软，吸湿排汗，对人体皮肤有一定的保健作用，且面料耐磨性，抗球球性好。同时，利用半精纺和赛络纺先进技术的有利结合又满足了客户对产品档次、规格的不同需求，提高织物在市场上的竞争力。

原料选配： 天丝 /Modal/ 细铜氨 50/30/20。

纱线性能参数： 线密度变异系数单纱线密度变异系数 13.5%，股线线密度变异系数 3.0%；单纱强力 82cN，股线强力 162cN；起球等级为四级。

产品用途： 选择再生性环保纤维为原料，利用合适比例，使三种纤维有机结合，充分发挥各种纤维的优良性能，使纱线舒适柔软，吸湿排汗，平整光泽，清爽悬垂，且具有一定抗静电的功能性。利用半精纺，赛络纺纺制的花式纱线织成面料毛羽少、手感柔软、耐磨、透气性能好，做成的服饰能满足人们对低碳环保理念的追求，适应当今休闲时尚的主题。环保性纤维的使用，营造出一种舒适淡雅、时尚自然、可靠安全的环境，深受消费者喜爱。

图 3-19 防静电服用抗静电材料　　　　图 3-20 天丝 /Modal/ 细铜氨 (50/30/20) 赛络花式纱

（7）作品名称： 夏季风——智能空调纤维功能性纱线的开发（图 3-21）

作者单位： 德州学院

作者姓名： 司祥平、高琼、贺欣欣

指导教师： 张会青、王秀燕

设计思路： 本作品采用丝维尔与细旦 G100 天丝进行混纺生产智能调温纤维紧密纱，调温纤维具有双向温度调节功能，可以在温度振荡环境中反复循环，主动地、智能地为人体提供舒适的"衣内微气候"环境，使人体处于一种舒适状态。采用绿色环保的天丝纤维与其混纺，提高纱线强力的同时，进一步提高与丝维尔混纺的产品的服用性能、品位、档次。

创新点： 针对丝维尔强力较低、微胶囊易破裂及细旦天丝细度细、刚度差、易缠结的特点，采用柔性纺纱。在生产中主要采用多松少打，小牵伸，慢速度等措施，并严格控制车间温湿度；选择合适的混纺纤维品种与合理的混纺比，优势互补，强调丝维尔纤维的智能调温功能性；针对丝维尔、天丝表面光滑，刚性强且天丝具有的原纤化等特性，采用 Rocos 紧密纺技术，以改善成纱强力、条干、减少毛羽，提高成纱质量。

原料选配： 丝维尔纤维长度 38mm，线密度 1.67dtex，断裂强度 2.26cN/dtex，回潮率 13%；细旦天丝纤维长度 38mm，线密度 0.89dtex，断裂强度 3.18 cN/dtex，回潮率 13%。细旦 G100 天丝 30/ 丝维尔 70。

纱线性能参数： 条干不匀 11.25%，细节 0 个 /km，粗节 13 个 /km，棉节 34 个 /km，单纱强度 18.44 cN/tex，单纱强力不匀为 10.15%。

产品用途： 可大量应用于户外服装、内衣裤、毛衣、衬衣和床上用品等，特别是户外运动服和对温度变化较为敏感的老年和婴幼儿的服装。

（8）**作品名称：** 天丝／竹纤维／甲壳素纤维抗菌绿色环保纱线（图3-22）

作者单位： 德州学院

作者姓名： 尚肖风、张瑞雪、伊芹芹

指导教师： 张梅、王秀芝

设计思路： 将竹纤维、甲壳素纤维和天丝进行科学的配比，选择合理的混纺工艺流程，利用紧密纺纱技术，开发出一种符合质量要求的新型功能性纱线。

创新点： 功能性环保纤维的应用；紧密纺新型纺纱技术的应用。

原料选配： 竹纤维／甲壳素纤维／天丝为30/30/40。

纱线性能参数： 单纱强力变异系数为12.3%，百米重量变异系数为1.2%，条干均匀度为11.5%，单纱断裂强度为19cN/tex。

产品用途： 竹纤维／甲壳素纤维／天丝（30/30/40）抗菌绿色环保纱线采用了紧密纺与赛络纺技术相结合的工艺，纺制的纱线条干均匀、表面光洁，其织物毛羽少、轻柔舒适、滑爽透气、吸湿排汗、抗菌防臭、手感细腻、悬垂飘逸、光泽优雅、符合环保服饰潮流。竹纤维／甲壳素纤维／天丝抗菌绿色环保纱线织成的织物让繁忙的人们在工作中享受穿着带来的舒适，会吸引众多客户的青睐，获得更大的经济效益，市场前景十分广阔。

图 3-21 夏季风——智能空调纤维功能性纱线　　图 3-22 天丝／竹纤维／甲壳素纤维抗菌绿色环保纱线

（9）作品名称：吸湿排汗、杀菌、除臭环保多功能纱（图 3-23）

作者单位：德州学院

作者姓名：田东、姚伟、杨青良

指导教师：窦海萍、梁玉华

设计思路：通过实验的方法确定最佳的 Cleaneool 纤维与铜氨纤维混纺纱生产工艺，尤其对 Cleaneool 纤维纤维与铜氨纤维混纺纱主要工艺参数即采取的技术措施提供科学的依据。

创新点：首创了 Cleaneool 纤维 / 铜氨纤维吸湿排汗、杀菌、除臭环保多功能纱的设计方案，实现了具有独特的抗菌防臭、吸湿速干功能的环保健康紧密赛罗纱的开发；探索了利用 Cleaneool 纤维与铜氨纤维纺纱的工艺，得出了适纺工艺条件及合理的工艺参数，为生产实践提供了指导依据，填补了国内 Cleaneool 纤维与铜氨纤维混纺纱制造工艺的空白。

原料选配：Cleaneool 纤维长度为 38mm，线密度为 1.67dtex，断裂强度为 3.77cN/dtex，断裂伸长率为 20.72%，强力不匀为 24.40%，回潮率为 0.54%；铜氨纤维长度为 38mm，线密度为 1.4dtex，断裂强度为 2.69cN/dtex，断裂伸长率为 11.99%。Cleaneool 纤维 / 铜氨纤维的混纺比为 55/45。

纱线性能参数：单纱强力变异系数为 5.63%，百米重量变异系数为 0.84%，条干均匀度为 12.73%，单纱断裂强度为 15.03cN/tex。

产品用途：Cleaneool 纤维是新一代健康舒适的功能性纤维，同时具有吸汗速干和抗菌除臭两大功能，因此用它织成的面料穿着具有手感柔软滑爽，舒适透气和绿色环保以及抗菌防臭吸湿速干的功能。面料外观色泽明亮，悬垂性和形态稳定性好，易于保养，抗污性好，可机洗烘干，既有棉的柔软，又有丝的顺滑，是制作母婴装、贴身运动服饰、内衣内裤的良好素材，在市场上有广阔的开发前景和市场应用。

（10）作品名称：28tex 有氧亲肤防辐射混纺纱的开发（图 3-24）

作者单位：德州学院

作者姓名：杨林、尹燕、曹秀兰

指导教师：杨楠

设计思路：近年来，电磁波辐射污染已经引起世界各界及政府的广泛关注，如何对电磁波辐射进行屏蔽，已成为各国政府极为关注、各国科学家竞相研究的课题。本着"创新、功能、时尚"的理念，为开发永久性防辐射服用面料，采用天然棉纤维和纳米银纤维混纺设计生产有氧亲肤防辐射混纺纱。

创新点：开发永久性防辐射面料，优化设计具有最佳屏蔽效能和服用舒适性两者兼备的防辐射产品。产品除了彰显了棉纤维亲肤舒适、吸湿快干、可生物降解等环保性、功能性外，新一代纳米银纤维的加入使最终产品具有了良好的防辐射屏蔽效果，无副作用，可贴身穿着，为天然棉纱线赋予了新的功能，扩大了棉产品的应用领域；新一代纳米银纤维具有调节体温、杀菌去味的效能，冬暖夏凉，可贴身穿着、直接水洗、杀菌去味、轻薄柔软、透气、耐洗涤、屏蔽性好的特点，用纳米银纤维与棉纤维混合可得到新型防辐射保健纺织品，进一步拓展了保健纤维纺织品的领域。

原料选配：天然棉、2.68dtex 纳米银纤维，混纺比设计为 68:32。

产品用途：可广泛应用于健康环保防辐射的高档服装家纺装饰行业中。

图 3-23 吸湿排汗、杀菌、除臭环保多功能纱　　　图 3-24 28tex 有氧亲肤防辐射混纺纱

5. 参赛体会

田旭（二等奖获得者）：目前就职于医药科技公司，负责医疗器械类研发工作

2012 年，我在老师的介绍下参加了全国大学生纱线设计大赛，转眼已经过去 8 年。现在看来，参加了这样一个全国性的比赛并获得奖项带给我的不仅仅是一个荣誉，更大程度上是对我专业知识、学习能力、实践能力的第一次大考验，是我今后职业生涯的第一次"实弹演习"。

能与全国纺织高校的同学一起同台竞争、切磋，是一次非常难得的机会。在这个过程中，我会突然深刻理解到教科书里某些生涩语言里的真正奥义，体验深夜在专业论坛里爬找答案的"快感"。与队友通力协作，将一个构想从蓝图变成一个放到你手里现实的作品是一个奇妙的过程。对于一个做工程技术的人来讲，拿到满意的作品这一刻带给你的成就感，会让你觉得一切的付出都是值得的。世界上不乏能工巧匠，缺乏的是能不局限于现实的束缚，不断地涌现疯狂的构想，并有能力把它变成现实的人。行动派是成功人共有的标签。

（四）第四届全国大学生纱线设计大赛

1. 基本情况简介

由教育部高等学校纺织类专业指导委员会和中国纺织服装教育学会主办、东华大学承办第四届"上海纺织杯"全国大学生纱线设计和面料设计大赛于 2013 年 4 月开始启动，教育部高等学校纺织服装教育指导委员会和中国纺织服装教育学会下发大赛通知，大赛组委会官网、易班网和邮件同时向各高校宣传发动。6 月 30 日前向大赛组委会递交报名表。9 月 30 日前向大赛组委会递交作品申报书和参赛作品。在全国各个纺织院校的积极参与下，共有 12 所院校组织参赛。共收到纱线组作品 73 件，面料组作品 107 件。2013 年 12 月 7 日，大赛的会议评审在东华大学进行。

纱线设计和面料设计大赛，根据参赛作品分成纱线组和面料组。作品会议评审分为二个环节进行。第一环节对参赛作品进行初次审查，根据组委会制定通过的评判标准进行初选投票，确定 26 件入围作品。第二环节对初选的入围作品进行打分评比，每组分别确定出一、二、三等奖及优秀作品奖，另由全体评委共同讨论确定单项奖 2 项。

最后，评委会还对一等奖作品进行了评价，撰写了一等奖作品点评意见。

图 4-1 大赛评审现场

图 4-2 姚穆院士在给参赛作品评分

图 4-3 指导老师合影

2. 评委会名单

表 4-1 委员名单（按姓氏笔画为序）

姓名	职位
丁辛	教育部高等学校纺织类专业教学指导委员会主任，东华大学纺织学院教授
王瑞	天津工业大学纺织学部党委书记
王鸿博	江南大学纺织服装学院副院长
李勇	上海纺织（集团）有限公司技术中心副主任
倪重光	上海市色织科学技术研究所所长，高级工程师
徐静	德州学院纺织服装工程学院院长
薛元	嘉兴学院材料与纺织工程学院院长

3. 获奖名单

表 4-2 第四届纱线设计大赛获奖名单

奖项	院校	作品名称	作者	指导教师
一等奖 （2项）	嘉兴学院	免刺痒苎麻包覆纱	江魁、丁一汝、许倩云	敖利民
	天津工业大学	棉/废涤纶布仿麻织物开发	苏婷、朱敏、白肃越	周宝明，赵立环
二等奖 （4项）	德州学院	基于废纺纤维的功能性彩色针织纱	邱芳	姜晓巍、王秀艳
	德州学院	基于粗纱段彩纺纱技术的防辐射纤维保健花式纱	张学苗、赵汝梅、郭长庆	张梅、朱俐娜
	天津工业大学	棉/莫代尔/不锈钢高吸湿防辐射大肚纱	李卫斌、崔贝	周宝明、巩继贤、赵立环
	东华大学	J30S苎麻/棉牵切混纺纱	易志婷、钟海	郁崇文
三等奖 （6项）	天津工业大学	彩色兔毛与绢丝混纺纱	李远、缪镐谦、王小媛	刘建中、李凤艳
	德州学院	棉/海藻纤维抗菌段染七彩时尚纱线	迟淑丽、赵洳梅、曲姗姗	张梅、朱俐娜
	东华大学	涤/棉转杯混纺色纺纱	姜虹任	汪军
	德州学院	聚乳酸纤维/JC/Modal/竹纤维 (40/40/10/10) 9.8KJ	张建、郜国静、吴晓明	李学伟、宋科新
	天津工业大学	花式纱线设计与开发——具有 防辐射功能的管状织物	薛娟、谢文婷、贺康、刘晨帆	周宝明、赵立环、巩继贤
	德州学院	基于双粗纱线流程的超细旦竹纤维羊绒花式色纺纱线	秦阳、刘承欣、赵洳梅	张梅、朱俐娜
最佳创新奖	江南大学	夜光涤纶竹节纱纱线设计	胡正勇、鲁静	李梦娟、葛明桥
最佳功能奖	天津工业大学	防割包覆纱及其面料	赵晓辉、盛聪安、李佳杰	赵立环、巩继贤、周宝明
优胜奖 （12项）	德州学院	超细莫代尔4.9tex紧密纺针织纱的开发	彭瑶、王泽超、杨真	张伟、朱俐娜
	天津工业大学	基于亚麻/棉混纺纱线的汽车内饰织物开发	沈威、刘康贵	赵立环、周宝明、巩继贤
	德州学院	舒适、护肤、保健芦荟纤维/Tencel/ 珍珠纤维混纺紧密赛络纱	赵倩倩	李学伟
	德州学院	轻量保湿纤维/竹纤维混纺纱线的开发	丁艳梅、王辉、朱坤迪	高志强、朱俐娜
	德州学院	基于细纱机喂纺纱技术的远红外半精纺纱线	田瑞瑞、赵洳梅、郭长庆	张梅、朱俐娜

优胜奖 （12项）	天津工业大学	阻燃黏胶/聚乳酸纤维混纺纱线及其单向导湿、阻燃面料的研发	朱耀泽、李涛、宋心宇、陈力之	赵立环
	天津工业大学	蓄热调温/柔丝蛋白/羊绒纤维多元混纺产品的设计与开发	陈闪闪、袁圆、李亚明	王建坤
	天津工业大学	紫衣可月——基于棉纺系统的羊毛/腈纶混纺纱线及织物	杨东坡、李继宏、张代齐、庞超	周宝明、刘建中
	德州学院	吸湿排汗、除臭抗衰老多功能保健多功能赛络针织纱	黄伟玺、王成成、杨青良	梁玉花、窦海萍
	德州学院	基于涡流纺纱技术的黏胶/银离子抗菌针织纱	刘承欣、曲姗姗、赵泗梅	张梅、朱俐娜
	德州学院	半精纺铜氨/锦纶/JC/兔绒（40/40/15/5）30Nm/2股线	侯如梦、王泽超、高岩	张伟、朱俐娜
	德州学院	基于低扭矩纺纱技术的多功能纱线	迟淑丽、曲姗姗、赵泗梅	张梅、朱俐娜

4. 获奖作品介绍

一等奖

（1）**作品名称：** 免刺痒苎麻包覆纱

作者单位： 嘉兴学院

作者姓名： 江魁、丁一浍、许倩云

指导教师： 敖利民

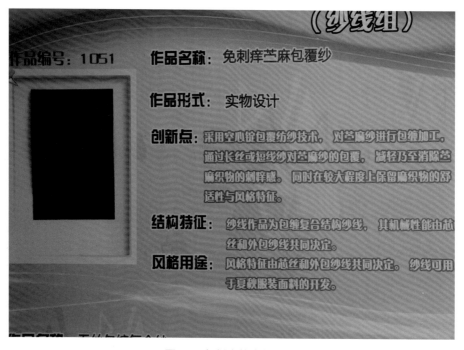

图 4-4 免刺痒苎麻包覆纱

专家点评： 本作品采用空心锭包覆纺纱技术，以苎麻纱为芯纱，涤纶长丝纱为外包缠纱进行包缠，纺制包缠结构"纱／纱"复合纱。通过涤纶长丝纱对苎麻纱螺旋线状缠绕形成的"捆扎"和"隔离"效应，可以显著减少苎麻纱及其织物的毛羽，减轻乃至消除苎麻织物的刺痒感；通过涤纶组份的引入，可提高织物的抗皱性；纱线的复合加工可提高纱线强力、改善条干，实现织造时经纱免浆；若采用有色涤纶长丝纱进行包缠复合，还可实现复合纱的"赋色"，实现织物免染。但是，为保证麻织物的风格，仍需对涤纶纱的种类、线密度以及包缠捻度等工艺进行必要的优化设计。

（2）作品名称： 棉／废涤纶布仿麻织物开发
作者单位： 天津工业大学
作者姓名： 苏婷，朱敏，白肃越
指导教师： 周宝明，赵立环

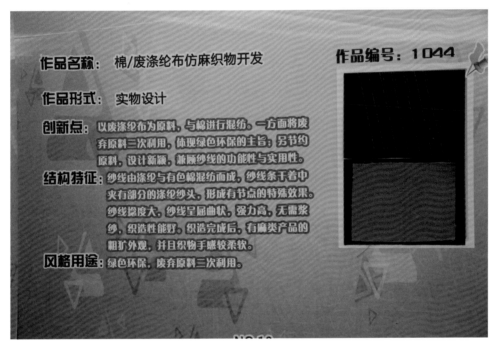

图 4-5 棉／废涤纶布仿麻织物开发

专家点评： 我国每年都会产生几千万吨的废旧纺织品，如果不能合理、有效地处理这些纺织品，将给生态环境带来巨大压力。废旧纺织品及纤维的回收再利用符合我国循环经济发展战略，也是关系到我国纺织工业可持续发展的重大课题。本作品践行了废旧纺织品回收再利用的环保理念，以废旧涤纶织物为原料，将织物开松后重新得到纤维，通过合理的纺纱工艺、后加工及织造工艺设计，得到棉／废涤纶布仿麻织物，突破了废旧纺织品回收再利用的成本高、附加值低的短板，为废旧纺织品的回收利用提供了新思路。

略显不足的是，作品中没有提及废纺纱线的强力、毛羽、条干等指标。另外，对废旧纺织品的消毒问题应该给予重视，这是循环再利用废旧纺织品的前提。

二等奖

（1）作品名称： 基于废纺纤维的功能性彩色针织纱

作者单位： 德州学院

作者姓名： 邱芳

指导教师： 姜晓巍

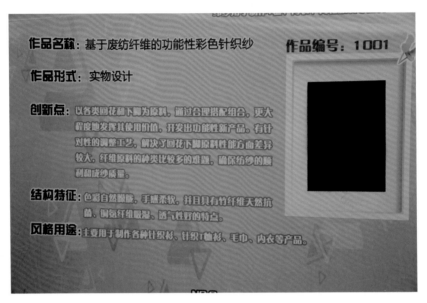

图 4-6 基于废纺纤维的功能性彩色针织纱

（2）作品名称： 基于粗纱段彩纺纱技术的防辐射纤维保健花式纱

作品单位： 德州学院

作者姓名： 张学苗、郭长庆、赵汝梅

指导教师： 张梅、朱莉娜

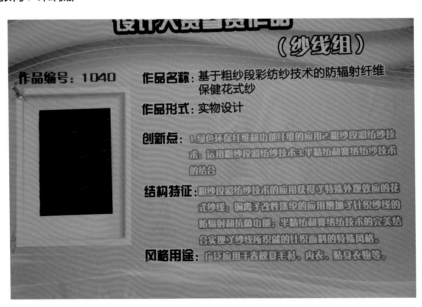

图 4-7 基于粗纱段彩纺纱技术的防辐射纤维保健花式纱

（3）作品名称：棉／莫代尔／不锈钢高吸湿防辐射大肚纱

作者单位：天津工业大学

作者姓名：李卫斌、崔贝

指导教师：周宝明、赵立环

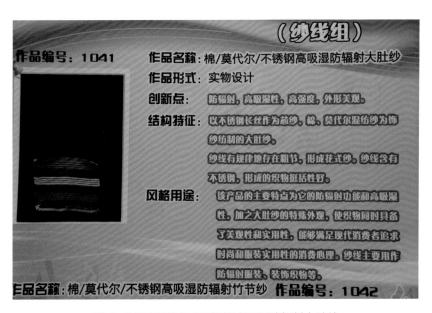

图 4-8 棉／莫代尔／不锈钢高吸湿防辐射大肚纱

（4）作品名称：J30S 苎麻／棉牵切混纺纱

作者单位：东华大学

作者姓名：易志婷、钟海

指导教师：郁崇文

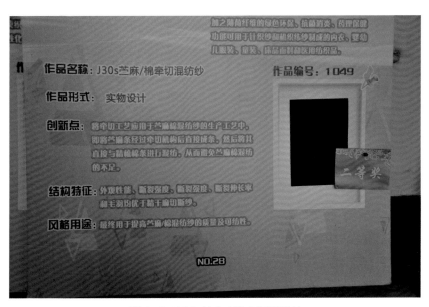

图 4-9 J30S 苎麻／棉牵切混纺纱

三等奖

（1）作品名称： 彩色兔毛与绢丝混纺纱（围你心纺）

作者单位： 天津工业大学

作者姓名： 李远、缪镐谦、王小媛

指导教师： 刘建中

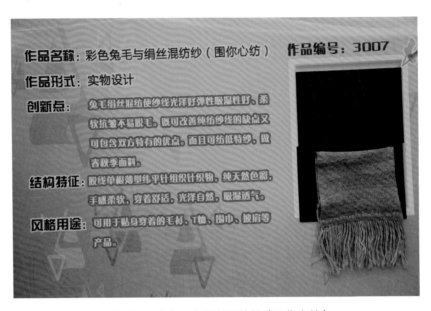

图 4-10 彩色兔毛与绢丝混纺纱（围你心纺）

（2）作品名称： 棉／海藻纤维抗菌段染七彩时尚纱线

作品单位： 德州学院

作者姓名： 迟淑丽、曲姗姗、赵汹梅

指导教师： 张梅、朱丽娜

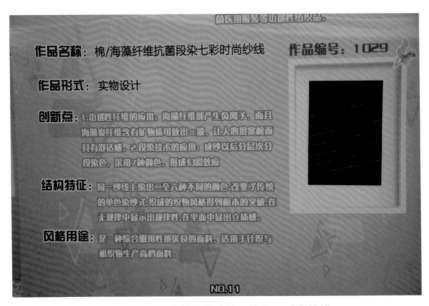

图 4-11 棉／海藻纤维抗菌段染七彩时尚纱线

（3）作品名称：涤／棉转杯混纺色纺纱

作者单位：东华大学

作者姓名：姜虹任

指导教师：汪军

图 4-12 涤／棉转杯混纺色纺纱

（4）作品名称：聚乳酸纤维 /JC/Modal/ 竹纤维紧密纱

作者单位：德州学院

作者姓名：张建、郜国静、吴晓明

指导教师：李学伟、宋科新

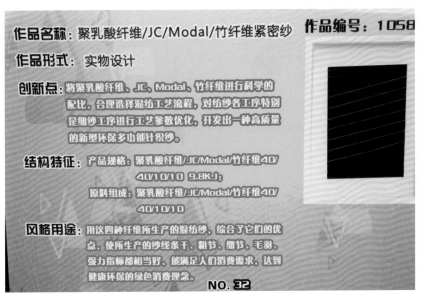

图 4-13 聚乳酸纤维 /JC/Modal/ 竹纤维紧密纱

（5）**作品名称：**花式纱线设计与开发——具有防辐射功能的管状织物

作者单位：天津工业大学

作者姓名：薛娟、谢文婷、贺康、刘晨帆

指导教师：周宝明、赵立环

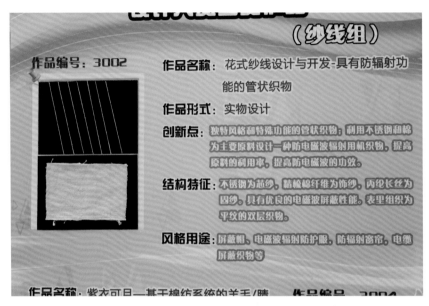

图 4-14 花式纱线设计与开发 – 具有防辐射功能的管状织物

（6）**作品名称：**基于双粗纱流程的超细旦竹纤维羊绒花式色纺纱线

作品单位：德州学院

作者姓名：秦阳、赵泇梅、刘承欣

指导教师：张梅、朱莉娜

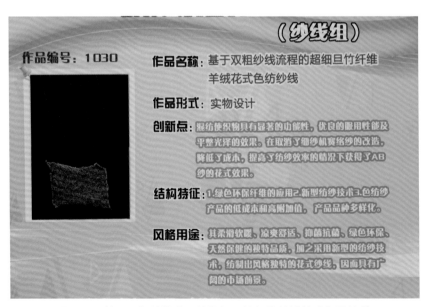

图 4-15 基于双粗纱线流程的超细旦竹纤维羊绒花式色纺纱线

优胜奖

（1）**作品名称：** 超细莫代尔 4.9tex 紧密纺针织纱的开发

作者单位： 德州学院

作者姓名： 彭瑶、王泽超、杨真

指导教师： 张伟

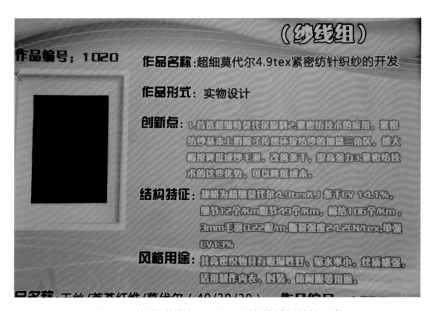

图 4-16 超细莫代尔 4.9tex 紧密纺针织纱的开发

（2）**作品名称：** 基于亚麻／棉／金属丝花式纱线的汽车内饰织物开发

作者单位： 天津工业大学

作者姓名： 杨东坡、李继宏、张代齐、庞超

指导教师： 周宝明、刘建中

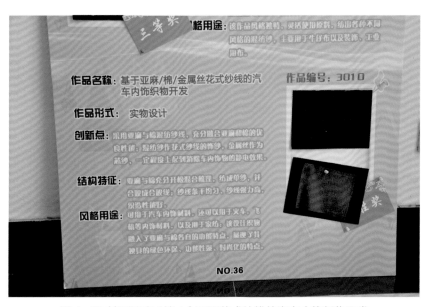

图 4-17 基于亚麻／棉／金属丝花式纱线的汽车内饰织物开发

（3）作品名称： 舒适、护肤、保健芦荟纤维 /Tencel/ 珍珠纤维混纺紧密赛络纱

作者单位： 德州学院

作者姓名： 赵倩倩

指导教师： 李学伟

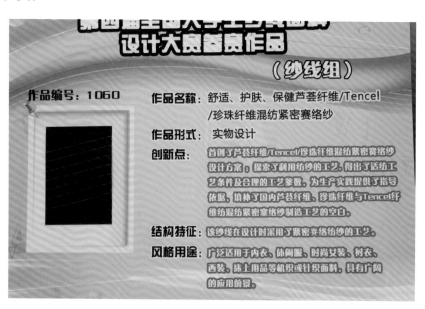

图 4-18 舒适、护肤、保健芦荟纤维 /Tencel/ 珍珠纤维混纺紧密赛络纱

（4）作品名称： 轻量保湿纤维 / 竹纤维混纺纱线的开发

作者单位： 德州学院

作者姓名： 丁艳梅、王辉、朱坤迪

指导教师： 高志强

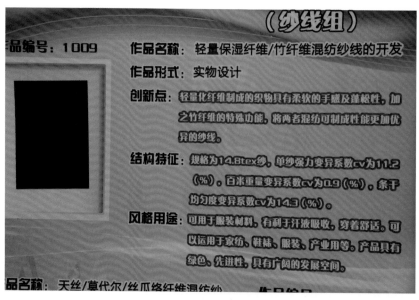

图 4-19 轻量保湿纤维 / 竹纤维混纺纱线的开发

（5）作品名称： 阻燃黏胶／聚乳酸纤维混纺纱线及其单向导湿、阻燃面料的研发

作者单位： 天津工业大学

作者姓名： 朱耀泽、李涛、宋心宇、陈力之

指导教师： 赵立环

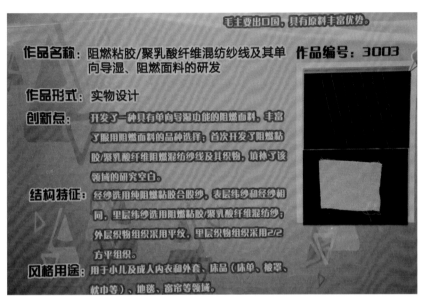

图 4-20 阻燃黏胶／聚乳酸纤维混纺纱线及其单向导湿、阻燃面料的研发

（6）作品名称： 基于细纱机超喂纺纱技术的远红外半精纺纱

作品单位： 德州学院

作者姓名： 田瑞瑞、王辉、李亚杰

指导教师： 张梅、朱丽娜

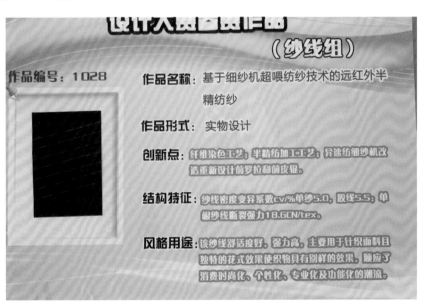

图 4-21 基于细纱机超喂纺纱技术的远红外半精纺纱

（7）作品名称： 蓄热调温／柔丝蛋白／羊绒纤维多元混纺产品的设计与开发

作者单位： 天津工业大学

作者姓名： 陈闪闪、袁圆、李亚明

指导教师： 王建坤

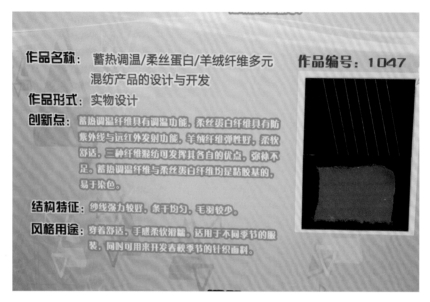

图 4-22 蓄热调温／柔丝蛋白／羊绒纤维多元混纺产品的设计与开发

（8）作品名称： 紫衣可月——基于棉纺系统的羊毛／腈纶混纺纱线及其织物

作者单位： 天津工业大学

作者姓名： 杨东坡、李继宏、张代齐、庞超

指导教师： 周宝明、刘建中

图 4-23 紫衣可月——基于棉纺系统的羊毛／腈纶混纺纱线及其织物

（9）**作品名称：** 吸湿排汗、除臭抗衰老多功能保健多功能赛络针织纱

作者单位： 德州学院

作者姓名： 黄伟玺、王成成、杨青良

指导教师： 梁玉花、窦海萍

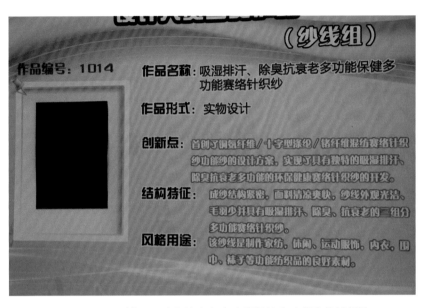

图 4-24 吸湿排汗、除臭抗衰老多功能保健多功能赛络针织纱

（10）**作品名称：** 基于涡流纺纱技术的黏胶／银纤维抗菌防辐射针织纱

作品单位： 德州学院

作者姓名： 刘承欣、朱振宇、赵汝梅

指导教师： 张梅、朱莉娜

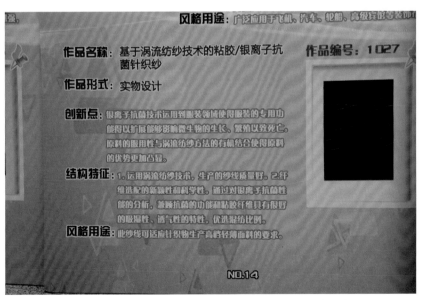

图 4-25 基于涡流纺纱技术的黏胶／银离子抗菌针织纱

（11）作品名称： 半精纺铜氨 / 棉纶 /JC/ 兔绒（40/40/15/5）30Nm/2 股线

作者单位： 德州学院

作者姓名： 侯如梦、王泽超、高岩

指导教师： 张伟

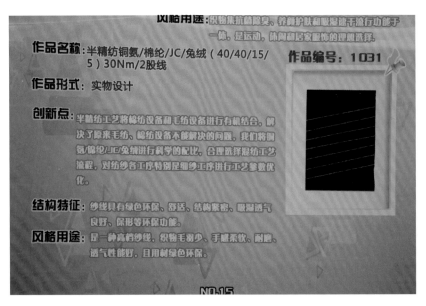

图 4-26 半精纺铜氨 / 棉纶 /JC/ 兔绒（40/40/15/5）30Nm/2 股线

（12）作品名称： 基于低扭纺纱技术的多功能纱线

作品单位： 德州学院

作者姓名： 迟淑丽、曲姗姗、赵沏梅

指导教师： 张梅、朱丽娜

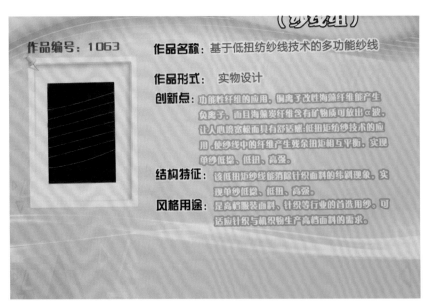

图 4-27 基于低扭纺纱技术的多功能纱线

最佳创新奖

作品名称： 夜光涤纶竹节纱纱线设计

作者单位： 江南大学

作者姓名： 胡正勇、鲁静

指导教师： 李梦娟、葛明桥

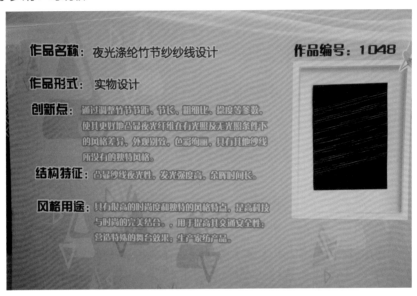

图 4-28 夜光涤纶竹节纱纱线设计

最佳功能奖

作品名称： 防割包覆纱及其面料

作者单位： 天津工业大学

作者姓名： 赵晓辉、盛聪安、李佳杰

指导教师： 赵立环、周宝明

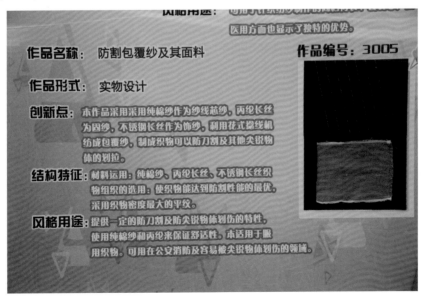

图 4-29 防割包覆纱及其面料

5. 参赛体会

"全国大学生纱线设计大赛"指导学生参赛感想

敖利民教授（嘉兴学院）

2013 年，"第四届'上海纺织杯'全国大学生纱线设计和面料设计大赛"在东华大学举办，我指导 3 组学生报送了 3 个系列的作品参赛，最终 1 件作品获大赛一等奖。

当时我正与一家生产包覆纱的企业进行产品研发方面的合作，吸收了几名学生进课题组做些力所能及的工作，以拓展学生的专业视野。在业内，包覆纺纱技术主要用于弹力包覆纱的纺制，产品主要有锦 / 氨包覆纱、涤 / 氨包覆纱等，现有的包覆纺纱设备，也是基于弹力纱线的纺制而设计。但通过纺纱设备原理的理解，我们很快将空心锭包覆纺纱技术界定为"以纱线为原料进行包缠（一次或两次）复合，纺制包缠结构复合纱线的技术"，纱线原料的种类、性能不限。通过不同种类、性能、功能、色彩纱线的包缠复合，可以达到弥补纱线性能缺陷、功能化、混色等效果。

为参加本次纱线设计大赛，我们设计了旨在改善苎麻织物刺痒感、纱线可织性以及织物抗皱性的"苎麻 / 涤纶长丝复合纱系列"，旨在提高镀银长丝包覆效果的"镀银纤维复合功能包覆纱"系列和旨在获取优良光泽、触感的"蚕丝包缠复合纱"系列。最终"免刺痒苎麻包覆纱"作品获得了一等奖。
通过本次指导学生参赛，激发了学生的实践创新思维，使学生初步掌握了"纱 / 纱包缠复合"结构复合纱线创新设计的一般思路和技术方法，对提升学生实践创新能力颇有裨益。

十年，全国大学生纱线设计大赛记录了一批又一批的纺织人的创新与智慧，希望未来大赛越办越精彩。

"全国大学生纱线设计大赛"参赛感想

江魁（嘉兴学院）

我是嘉兴学院材料与纺织工程学院非织造材料与工程专业 2011 级学生江魁，和丁一泼、许倩云同学一起组成作品组，在敖利民老师的指导下设计、制作了"免刺痒苎麻包覆纱"系列作品，参加了在东华大学举办"第四届'上海纺织杯'全国大学生纱线设计和面料设计大赛"，最终作品获大赛一等奖。

我们的作品设计和制作是在指导老师的合作企业完成。当时是我们第一次接触"空心锭包覆机"这种设备，经过老师的详细讲解和我们自己的实际操作，很快对设备原理有了较为深入的了解。

空心锭包缠可实现一根纱线对另一根纱线的螺旋线状缠绕、复合，具有特殊的包覆结构。于是我们就想到可以用这一技术控制纱线的毛羽，并确定利用这一技术对苎麻纱的毛羽进行控制，以减轻苎麻织物的刺痒感。

苎麻纤维是常用纤维中最刚硬的，抱合力差，成纱毛羽多，织物贴身穿着时刺痒感强烈。通过采用长丝纱或短纤纱对苎麻纱进行包缠加工（一次或两次）可以通过"捆扎"作用显著减少复合纱毛羽，同时外包缠纱纱圈对织物毛羽也有一定的隔离效果（减少苎麻织物表面短毛羽与皮肤的接触），对减轻刺痒感也有帮助。

我们纺制了多种外包缠纱的苎麻包覆纱，以及一次和两次包覆的包缠纱，发现通过包缠加工，苎麻纱的毛羽至少可以减少 80% 以上，织物毛羽也显著减少，基本达到了预期效果。

通过本次设计作品参赛，使我们较为扎实地掌握了课本上没有的空心锭包覆纺纱技术，以及利用该技术开发新型包缠结构复合纱线技术方法，对以后的学习工作都会有很好的帮助。

（五）第五届全国大学生纱线设计大赛

1. 基本情况简介

主办单位：教育部高等学校纺织服装教学指导委员会、中国纺织服装教育学会

承办单位：德州学院

赞助单位：山东鲁泰纺织股份有限公司

大赛主题：第五届全国大学生"鲁泰杯"面料设计暨纱线设计大赛

举办时间：2014 年 12 月 27 日—28 日

举办地点：德州学院（山东省德州市大学西路 566 号，邮编 253023）

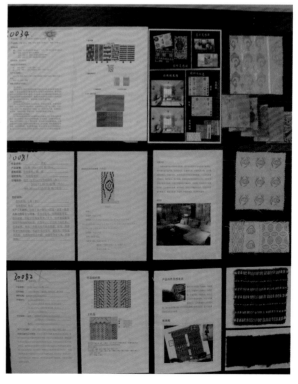

图 5-1 作品展示

2. 评委会名单

表 5-1 第五届全国大学生纱线设计大赛评委会名单

组别	姓名	职务
纱线组	王瑞	天津工业大学纺织学院党委书记、教授
	邢明杰	青岛大学纺织系主任、教授
	王旭	安徽工程大学纺织服装学院博士、副教授
	马洪才	德州学院纺织服装学院副院长

3. 获奖名单

表 5-2 第五届全国大学生纱线设计大赛纱线组获奖名单

奖项	院校	作品名称	作者姓名	指导教师
一等奖（2项）	嘉兴学院	"多芯-单包"包缠复合段彩纱	王君、汪晏梅、刘海明	敖利民
	天津工业大学	静电纺PAN纳米纤维/维纶纱线	张文彦、霍旭蒙	刘雍、周宝明、赵立环
二等奖（4项）	青岛大学	基于载体纤维的柔软喷气涡流纱设计	申元颖、张雪静、杜艳春	邢明杰
	天津工业大学	基于毛纺细纱机毛绒/绢丝/羊毛赛络纺竹节段彩纱	颉月娇、冷东桥、朱军田	赵立环、周宝明
	德州学院	绿色环保、吸湿排汗、抗菌防衰多功能赛络紧密纺针织纱	宋丽娟、李保委、路丹丹	叶守岌
	德州学院	蚕蛹蛋白质纤维玉石纤维绢丝半精纺功能性AB纱	白志青、冯旭珉、赵尊强、姚梦晓	张梅
三等奖（8项）	武汉纺织大学	通过改进赛络菲尔纺设计的羊毛功能纱线	张亚飞、陈凯、王徐然	陈军
	江南大学	高支耗牛绒纱线开发	李瑛慧、曲华洋	谢春萍、苏旭中
	武汉纺织大学	受迫内外转移式长丝复合环锭纱	徐亚芬	夏治刚
	天津工业大学	具有养颜护肤功能的彩虹圈圈纱	张文彦、霍旭蒙	王建坤、周宝明、赵立环
	西安工程大学	摩擦纺彩色夹芯的设计	黄宽平、杨元杰、丁沙沙	李文雅
	德州学院	基于差速赛络纺纱技术的阻燃涤纶/阳离子涤纶装饰布用纱	张献、王鑫、赵尊强、姚梦晓	张梅

三等奖 （8项）	德州学院	铜氨/抗菌黏胶/ Modal(50/40/10) 32S色纺缎彩纱	侯如梦、朱龙康、 翟瑞欢	张伟
	德州学院	大豆纤维/JC/天丝/芦荟纤维 （50/25/15/10）11.8tex赛络紧密 纺针织纱的开发	张歆珧、侯如梦、 刘为翠	张伟
最佳创意奖	德州学院	芦荟纤维/黏胶/黑Modal （35/35/30）32支花式竹节纱	郑意德、张志冲、 曲晓花	张伟
最佳功能奖	德州学院	低碳环保/抗菌防臭/抗紫外线 保健多功能紧缩赛络AB纱	张亚菲、郑超、 冯文强	梁玉华、窦海平
优秀奖 （12项）	天津工业大学	具有养颜护肤功能的彩虹波形纱	张文彦、霍旭蒙	王建坤、周宝明、 赵立环
	德州学院	抗菌除臭绿色环保紧密赛络纺纱	纪芮、李保委、 宋丽娟	叶守岌
	德州学院	细莫/绢丝赛络紧密纺	李保委、纪芮、 路丹丹	叶守岌
	德州学院	麻赛尔/康特丝/棉多组分抗菌 紧密纱的设计	荐红秀、刘凯、 弓嘉文	张会青
	德州学院	Beccy能量纤维/双蛋白/ DOWXLA包芯纱的开发	贺欣欣、吕贝贝、 姬厚强	张会青
	德州学院	如意暖冬	孙悦、王萌萌、 秦岩	王静
	德州学院	莫代尔/铜氨/薄荷纤维抗菌 防静电赛络纱	路丹丹、宋丽娟、 纪芮	叶守岌
	德州学院	舒适/环保/健康竹代尔/莱麻/ 丝光羊毛/绢丝赛络混纺纱	郗焕杰、翟瑞欢、 张亚飞	梁玉华、曲铭海
	西安工程大学	棉阶梯竹节纱的设计	杨恒、贾雄飞、 李二振	李文雅
	德州学院	吸湿排汗、抗菌、除臭、抗衰老 多功能环保保健紧密赛络混纺纱	翟瑞欢、郗焕杰、 冯文强	曲铭海、梁玉华
	德州学院	基于介入纺技术缎彩纱的开发	王文康、侯如梦、 朱聪	张伟
	德州学院	基于双梳纺纱流程的Modal海斯 摩尔抗菌超光洁涡流纱	杨飞、冯旭珉、 赵尊强、魏昭君	张梅、王玥

表 5-3 第五届全国大学生纱线设计大赛优秀组织奖

奖项	院校
优秀组织奖	江南大学
	安徽工程大学
	天津工业大学
	德州学院

4. 获奖作品介绍

一等奖

（1）**作品名称**："多芯 - 单包"包缠复合段彩纱

作者单位：嘉兴学院

作者姓名：王君、汪晏梅、刘海明

指导教师：敖利民

创新点：本设计利用空心锭包缠纺纱技术的芯纱动态假捻残留，以多根异色纱线作为芯纱，进行一次包缠（单包）纺纱，获取具有无规律段彩外观的包缠纱，是对包缠纺纱技术的拓展应用，提出了一种不同于现有技术的利用彩色纱线纺制段彩效果纱线的加工方法，且技术更简单，易于控制。

适用范围：采用不同材质、线密度和色彩的纱线，包括长丝纱或短线纱，通过芯纱和外包缠纱的材质、色彩的配置，可以纺制具有不用线密度、性能和色彩的纱线。

不同线密度、材质的纱线，可以用于制织各种机织物与针织物，用于针织、机织服装面料，床上用品等。根据最终用途选择不同纤维种类的长丝、短线纱，甚至特种纤维、功能纤维纱线，可以获取各种性能和功能的纱线，可满足各个领域的需要。

设计说明与作品简介：本作品采用彩色纱线为原料，利用空心锭包缠纺纱技术纺制包缠结构混色纱，同时利用芯纱假捻残留获得具有色彩片段长度与间隔随机分布的段彩特征，不需要附加装置与控制系统，可通过芯纱、外包缠纱颜色配置及包缠捻度配置方便地调整段彩效果，设计灵活，原材料适应广泛，且可通过纱线材料种类、性能、功能的选配，辅以芯纱、外包缠纱的合理布置，设计出具有特定性能或功能的纱线。

空心锭包缠纺纱技术原理如图 5-2 所示，芯纱从衬芯纱筒上退绕下来后，绕过芯纱导纱杆、芯纱

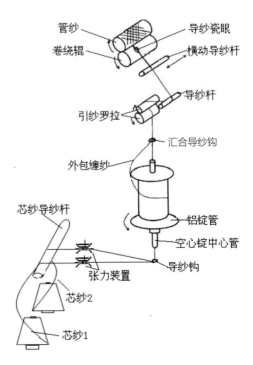

图 5-2 空心锭包缠纺纱技术原理

张力装置与芯纱导纱钩进入空心锭。芯纱穿过下空心锭的中心管，在汇合导纱钩处与外包缠纱汇合，外包缠纱卷绕在下铝锭管上，在锭带的传动下高速回转，形成对芯纱的缠绕。外包缠纱呈螺旋线状包缠到芯纱上，形成包缠结构的包缠纱，包覆纱经引纱辊引出，绕过导纱杆，穿过横动导纱杆上的导纱瓷眼，做横向往复运动，卷绕到卷绕辊摩擦传动的纱管上成为筒子纱。如果配置上下排列的两套空心锭装置，可以实现对芯纱的两次包缠（双包），即经过一次包缠的纱线再进行二次包缠。一般情况下两次包缠的包缠方向相反，以获得稳定结构的纱线。本设计只使用了一次包缠，即单包。

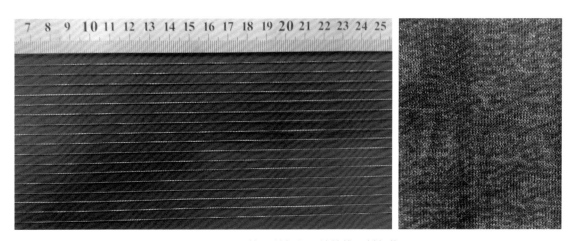

图 5-3 三芯 - 单包段彩纱纱线及其织物

（2）**作品名称：** 静电纺 PAN 纳米纤维 / 维纶纱线

作者单位： 天津工业大学

作者姓名： 张文彦、霍旭蒙

指导教师： 刘雍、周宝明、赵立环

专家点评： 纳米纤维材料是近十几年高分子材料科学领域研究较多的热点方向，该材料在生物医用，过滤及防护，催化，能源等领域有着广泛的应用前景。静电纺技术可以简便有效的加工纳米纤维材料，但该方法制备的材料主要以纤维网为主。本作品将静电纺技术与传统纺纱方法相结合，将静电纺纤维均匀喷射到维纶纤维网上，可以在成纱后将维纶去除，得到纯纳米纤维纱。为纳米纤维纱线的制备提供了新的思路，为纳米纤维纱线在传统纺织领域进一步应用提供了基础，具有一定的创新性。

但作品没有涉及纳微米纤维混纺纱的性能指标及退维相关实验，略显不足。

二等奖

（1）**作品名称：** 基于载体纤维的柔软喷气涡流纱设计

作者单位： 青岛大学

作者姓名： 申元颖、张雪静、杜艳春

指导教师： 邢明杰

设计说明与作品简介： 纳米喷气涡流纺由于其特殊的纺纱原理和成纱结构，纱线结构紧密，纱芯纤维有集束效应，外层纤维包缠较紧，使成纱刚性较大，纱体硬，手感较为粗糙，该作品开发的纱线，是借助

于少量水溶性纤维混纺到纱线当中，对织出的织物进行退维处理，研究分析织物的悬垂性、折痕恢复性和弯曲长度等，发现都有较大改变，织物柔软性增加，手感较好。

因此，该纱线纺制方法纺纱时混入少量水溶性 PVA，是可行的，织造完毕做退维处理后，经过一系列纱线和织物试验结果进行验证，可以得到能有效提高织物的柔软性，而且对各项质量指标并没有太大影响。图 5-4 和图 5-5 为别为纱线处理前后的状态。

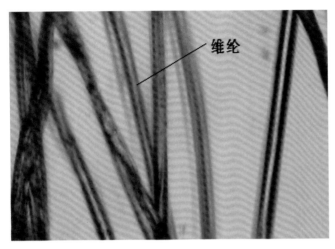

图 5-4 C58/T39/V3 纱

图 5-5 C58/T39/V3 织物水解后的纱

专家点评： 喷气涡流纱及其织物手感粗糙，这是喷气涡流纺的一大缺点。作品将水溶性纤维混入纱线中，对织成的织物进行退维处理，使织物的柔软性大大提高，该作品设计思路新颖，构思独特，是一种能解决喷气涡流纱柔软性的方法，实验测试的各项指标也验证了设计目标。总之，作品在设计思路、创新程度、产品效果、推广前景等方面，都达到了一定水平。

建议作品在工艺优化、水溶性纤维混比、纱线后续产品应用等方面进一步研究开发。

（2）作品名称： 基于毛纺细纱机羊绒／绢丝／羊毛赛络纺竹节段彩纱

作者单位： 天津工业大学

作者姓名： 颉月娇、冷东桥、朱军田

指导教师： 赵立环、周宝明

设计说明与作品简介： 常规段彩竹节纱是通过中罗拉喂入基色纱，后罗拉喂入饰色纱，纺纱过程中通过控制后罗拉间歇停喂，纺出饰色逐渐变化的纱线。本设计将一根精纺纯羊毛粗纱与一根羊绒／绢丝混纺粗纱保持一定间距平行喂入毛纺细纱机的后罗拉的双喇叭口，纺制赛络纱，同时由于羊毛纤维长、羊绒和绢丝纤维短，在毛纺牵伸系统中，毛纺细纱机牵伸机构罗拉隔距根据羊毛长度而定，羊毛粗纱正常牵伸，而羊绒／绢丝粗纱牵伸过程中则产生明显的牵伸波。纺纱中通过调节工艺参数，利用这种牵伸波，纺制一种类似自然波纹的羊毛、羊绒／绢丝赛络纺竹节段彩纱。

创新点：

①操作简便，无需改变罗拉传动，通过合理搭配喂入原料，即可得到随机分布的段彩竹节纱效果。

②高端上档次，本设计中所选用的原料为性能较优的 3 种天然纤维，使整体纱线呈现滑糯、柔软、吸湿、光泽柔和等特点。

③纱线具有细小的竹节段彩效果，纺制的织物不经染色即可具有丰富的外观色彩，不仅节约而且自然美观。

适用范围： 本产品可以用于羊绒衫、围巾披肩、夏季 T 恤衫、夏季轻薄型织物等。

三等奖

（1）**作品名称：** 通过改进赛络菲尔纺设计的羊毛功能纱线

作者单位： 武汉纺织大学

作者姓名： 张亚飞、陈凯、王徐然

指导教师： 陈军

创新点： 将两根羊毛粗纱并合，喂入一个喇叭口，同时金属丝长丝引出后不经牵伸装置，直接导入前罗拉皮辊后侧的集合器与牵伸后的羊毛须条一起合并混纺之后纺成金属羊毛包芯纱。

适用范围： 适用于孕妇装、婴儿及儿童服装、高档防辐射面料、普通人群服装、汽车内饰物。

（2）**作品名称：** 高支牦牛绒纱线开发

作者单位： 江南大学

作者姓名： 李瑛慧、曲华洋

指导教师： 谢春萍、苏旭中

创新点： 针对牦牛绒在纺高支纱时遇到的技术瓶颈，采用一种全聚纺细纱生产装置，成功开发出 80Nm 高支牦牛绒赛络纺纱线，实现对牦牛绒纤维的高档化加工。

（3）**作品名称：** 受迫内外转移式长丝复合环锭纱

作者单位： 武汉纺织大学

作者姓名： 徐亚芬

指导教师： 夏治刚

原料选配： 蓝色纯棉粗纱规格 0.52g/m；白色锦纶长丝规格 180D/32F；环锭细纱小样机型号 HFX-A6；偏心制动装置偏心距 7mm。

创新点：

①改变现有定位复合纺纱长丝和短纤纱的喂入方式，创建受迫内外转移式复合纺纱方法。

②研制受迫内外转移式复合纺纱装置：本课题以受迫内外转移式复合纺纱原理为指导，对现有环锭复合纺纱的纱线喂入设备进行配套研发和创新设计，搭建出偏心制动的内外转移式长丝喂入装置。

③采用受迫内外转移式复合纺纱装备，创造性地开发出强力较高、结构与花色周期变化的新型环锭复合纱线，提升产品附加值。

适用范围： 服装、家纺。

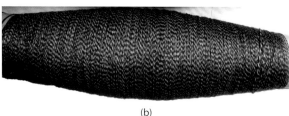

(a)　　　　　　　　　　　　　　　　(b)

图 5-6 内外转移式复合纱 (a) 与传统赛络菲尔复合纱 (b) 对比

图 5-7 长丝在内外转移装置内缠绕两圈后引入前罗拉钳口与棉粗条汇合

（4）作品名称： 有养颜护肤功能的彩虹圈圈纱

作者单位： 天津工业大学

作者姓名： 张文彦、霍旭蒙

指导教师： 王建坤、周宝明、赵立环

创新点： 纱线以彩虹的组成颜色选择腈纶，并与珍珠纤维分别混纺成相应颜色的纤维条，通过并条牵伸后纺出粗纱，各种颜色粗纱作为饰纱同时喂入，苎麻做芯纱，三根棉纱并合做固纱，生产出具有彩虹效应的圈圈纱。本设计的创新点在于养颜护肤、外形美观、设计新颖兼顾纱线的功能性与美观性。

适用范围： 彩虹圈圈纱能呈现出较规则独特的彩虹效果，彩虹圈圈纱所含的珍珠纤维具有养颜护肤的功效，所含的苎麻有抑菌的生物功能。本产品可以用于针织衫、围巾披肩等。

（5）作品名称： 摩擦纺彩色夹芯的设计

作者单位： 西安工程大学

作者姓名： 黄宽平、杨元杰、丁沙沙

指导教师： 李文雅

创新点：

①具有花式效应。色夹芯纱的生产是各种彩色纤维分层包覆在纱线表面，从横截面可以看到各层色彩。纱线外观在长度方向上也别有特色。由于喂入的散纤维比较稀薄，纤维网层与层之间有空隙，因而表面可以透出各层颜色。

②对设备的改进。对摩擦纺纱机进行改进，使得喂入机构可以同时喂入多根粗纱，并且可以对其分别协调配合控制。

优秀奖

作品名称： 棉阶梯竹节纱的设计

作者单位： 西安工程大学

作者姓名： 杨恒、贾雄飞、李二振

指导教师： 李文雅

原料选配： 蓝色纯棉粗纱规格 0.52g/m；白色锦纶长丝规格 180D/32F；环锭细纱小样机型号 HFX-A6；偏心制动装置偏心距 7mm。

创新点：

①工艺：不同于普通竹节纱的竹节呈规律性或简单的随机性，我们所设计的新型竹节纱细段长度不一，竹节粗细不同，并且呈阶梯状分布，竹节的长度不一表现出复杂的随机性。

②控制系统：使用学校老师自主研发的控制系统，使得对牵伸倍率的调整和生产时间的控制成为现实。

适用范围： 该设计的竹节纱的节距可变，竹节的粗细和长度均可变，可适用于针织及机织。因为本竹节纱不规则阶梯状分布，所以形成的织物风格多变、样式繁复。另外，本竹节纱使用空心锭纺机纺制而成，同时用固纱加固，较其他方法纺出的纱线更加柔软舒适。此纱运用领域广泛，如在服装领域可应用在上衣、围巾和帽子等方面，在装饰物领域可应用于窗帘、墙纸等方面。

5. 参赛体会

张文彦（一等奖获得者）：目前就职于北京意厉维纺织品有限公司，负责产品品质控制工作

当年参加比赛的时候其中一个作品是关于静电纺方面的实验，在周宝明老师和刘雍老师地指导下纺制的—静电纺 PAN 纳米纤维 / 维纶纱线。记得当时静电纺这种新型纺纱工艺所需的实验环境非常苛刻，纺纱效果不是很理想，实验极难成功，周老师在旁一直给予我很大的帮助，从改善实验环境到选择纺纱材料再到调节参数，实验也从一片混沌到逐渐清晰明朗，一些想法也变成了实验成果。

在此之后，一个偶然的机会，看到了色彩各异的腈纶纤维，当时只觉得纤维颜色非常好看，想再次尝试去设计一种新的纱线，但并没有什么明确的想法。在周老师的指导下，这次我们决定回归传统纺纱工艺，以前对纺纱工艺只是学习了书本上的知识和参观了工厂的流程，并没有什么操作经验，一切几乎是从零开始，从纤维到花式纱线，周老师带着我们做了很多不同的尝试，调整过喂毛条的次序，尝试了不同颜色的纤维混纺，还尝试调整了不同的花式纱线参数，最终得到了 -- 彩虹圈圈纱和彩虹波形纱。

回想这三个纱线设计比赛的作品，它们从无到有，对它们的头绪想法也如同纺纱过程一般从杂乱无章到梳理的井然有序。自己也对纺纱有了一点小小的心得体会，同时也尝到了将书本上的知识应用到实践中的快乐，这些都是我大学里美好的回忆。

目前我仍从事纺织相关工作。纱线设计大赛如同一把钥匙，帮我打开了通往纺织专业知识的大门。感谢大赛的举办方和发起纱线大赛的专家教授。祝大赛越办越好。

李瑛慧（三等获奖者）：现从事纺织品外贸及设计

本人在大三时有幸在参加了第五届全国大学生"鲁泰杯"面料设计暨纱线设计大赛，并获得了纱线设计组三等奖。这离不开江南大学纺织服装学院专业齐全的实验条件，离不开指导老师、实验室师兄姐的悉心指导，感谢中国纺织服装教育学会和教育部高等学校纺织类专业教学指导委员会、鲁泰公司提供的平台举办此次设计大赛。

此次纱线设计大赛对我来说是一次宝贵的经历，对我现在的工作亦大有裨益。本人目前从事外贸服装出口工作，对接美国轻奢品牌，客人对产品的质量要求很严格，紧跟潮流趋势，对市场反应也更快。经常需要我们推荐给他们一些新产品、新设计。基于之前的设计经历，从立足点、工艺、设计等多个方面，能够开发更多的新产品，向客人提供更专业建议。

最后，再次感谢大赛组织者与主办方提供的平台，给予我这次参赛的机会，谢谢。

（六）第六届全国大学生纱线设计大赛

1. 基本情况简介

主办单位：教育部高等学校纺织类专业教学指导委员会、中国纺织服装教育学会

承办单位：武汉纺织大学

赞助单位：立达（中国）纺织仪器有限公司

大赛主题：第六届全国大学生"**Com4** 立达杯"纱线暨面料设计大赛

举办时间：2015 年 12 月 9 日

举办地点：武汉纺织大学（湖北省武汉市江夏区阳光大道 1 号）

参赛情况：

大赛于 2015 年 5 月开始启动，2015 年 5 月 15 日在中国纺织服装教育学会网站发布"关于举办第六届全国大学生'立达杯'纱线设计暨面料设计大赛的通知"，经过组委会的积极运作和宣传，全国各个纺织院校参赛热情很高，到 2015 年 10 月 20 日止，共收到 20 所纺织院校参赛作品 513 份。其中包含：

传统环锭纺纱线 32 份，占参赛作品的 6.2%；

新型纺纱线 62 份，占参赛作品的 12.1%；

机织服用面料 152 份，占参赛作品的 29.6%；

针织服用面料 82 份，占参赛作品的 16.0%；

纱线及面料创意设计作品 185 份，占参赛作品的 36.1%。

图 6-1 评审会议

图 6-2 评审现场

图 6-3 评委合影

2. 评委会名单

表 6-1 第六全国大学生纱线设计大赛评委会名单

组别	职务	姓名	职务
环锭纺纱组	组长	夏日盛	张家港扬子纺纱有限公司总经理
	成员	王建坤	天津工业大学纺织学院教授
		马洪才	德州学院纺织服装学院教授
	秘书	贵春燕	武汉纺织大学
新型纺纱组	组长	沈浩	立达（中国）纺织仪器有限公司技术部经理
	成员	张尚勇	武汉纺织大学纺织学院教授
		季晶晶	南通崇天纺纱有限公司总经理
	秘书	黄安丽	武汉纺织大学

3. 获奖名单

表 6-2 第六届全国大学生纱线设计大赛获奖名单

奖项	院校	作品名称	作者	指导老师
一等奖（5项）	天津工业大学	轻薄保暖牦牛绒空芯纱	焦伟、崔成峰	赵立环、周宝明
	德州学院	蚕蛹蛋白纤维、山羊绒、中空发热纤维的混纺抗起球保暖纱	胡家豪、岳俊玲、于恩存	张梅
	天津工业大学	具有吸附功能的包芯纱	李海平、李军伟	王庆涛、赵立环、周宝明
	武汉纺织大学	吸湿导汗复合纱	黄安丽、向鑫、张鑫磊	陈军
	盐城工学院	抗菌除臭、吸湿排汗、亲肤保健桑皮纤维转杯纱	张玲、陆逸群、何倩	崔红、杜梅、林洪芹
二等奖（8项）	德州学院	咖啡炭纤维、抗起球超细腈纶、超细莫代尔	胡家豪、岳俊玲、桑盼盼	张梅
	德州学院	抗起球腈纶、超细型丙烯腈纶/超细莫代尔/绢丝/银纤维超柔肤纱线	蔺亚琴、黄文武、岳俊玲	张梅
	天津工业大学	亲肤、抑菌聚乳酸/牛奶蛋白/棉纤维混纺竹节纱	崔成峰、焦伟	赵立环、周宝明
	中原工学院、山东大学	多组分纤维紧密赛络纺缎彩包芯纱	朱创磊、岳扬、赵雪郸	叶静
	德州学院	阳离子涤纶/黏胶/氨纶赛络包芯纱	纪芮、李保委、许贤	叶守岌
	盐城工学院	阻燃涤纶/棉/薄荷纤维/三角涤纶38tex转杯纱	唐琪、何倩、王敏贤	林洪芹、杜梅、崔红
	天津工业大学	麻赛尔／竹／不锈钢长丝防辐射防穿刺抗菌包芯纱	柴醒醒、蒋旻宣	赵立环、周宝明
	德州学院	生态纤维彩色墙衣线的设计	刘凯、姬厚强、李学东	张会青
三等奖（12项）	德州学院	基于粗纱异定量赛络纺的丝光毛银纤维羊绒毛衫用AB纱	胡修可、蒋文正、赵吉芳	张梅
	天津工业大学	棉、海藻纤维、蓄热调温纤维混纺医用纱线	苗凯杰、吴澜涛	赵立环、周宝明

三等奖 （12项）	天津工业大学	环锭纺蓄热调温纤维/竹/棉包芯纱	曹文静、李梦晨、李亚爽	赵立环、周宝明
	天津工业大学	抗菌、保健、除臭及远红外 多功能紧密纺四色针织用纱	张艳玲、衡冲	赵立环、周宝明
	天津工业大学	竹纤维／云母冰凉丝凉感、 抗菌、吸湿性竹节纱	李光辉、马逸平、刘星君	赵立环、周宝明
	盐城工学院	蚕蛹蛋白纤维棉20tex紧密纱	薛新凤、张剑波、何倩	吕立斌、杜梅、崔红
	德州学院	铜改性聚酯纤维/棉纤维抗菌 除臭防螨混纺纱	张阳、刘志强、石超	高志强
	德州学院	丝瓜络纤维/天丝/莫代尔吸湿透气 抑菌混纺纱	刘志强、张阳、石超	高志强
	德州学院	会呼吸、清爽、抗静电及紫外线的 蚕蛹蛋白纤维/精棉/细旦 Modal 铜氨纤维赛络纺针织纱	刘为翠、刘欢、张志冲	张伟
	天津工业大学	以聚苯胺导电纱为芯纱的静电纺PVA/ 碳纳米管纳米纤维包芯纱	李子扬、李乔琦、葛安香	石睫、赵立环、周宝明
	天津工业大学	废羊绒/腈纶仿羊绒转杯纱	李秀琼、荆梦轲	赵立环、周宝明
	天津工业大学	环保阻燃服用波形纱的研发	蒋旻宣、柴醒醒	赵立环、周宝明
优秀奖 （31项）	德州学院	基于板蓝根染色的莫代尔纤维 海斯摩尔低扭段抗菌纱	岳俊玲、胡家豪、黄文武	张梅
	德州学院	基于段彩纺纱技术的莫代尔/ 玉石纤维/黄麻花式纱	岳俊玲、胡家豪、蔺亚琴	张梅
	南通大学	基于聚酰亚胺纤维的阻燃、吸味 纱线产品的设计与开发	符丽媛、陈露露、李芳	丁志荣、郭滢
	苏州大学	抗菌型绢纱及面料	张昕、严喆、江爱云	潘志娟、眭建华
	天津工业大学	高效导湿、抑菌、防紫外线 赛络纺混纺纱	梁晶晶、赵海枭、吴哲	石睫、赵立环、周宝明
	天津工业大学	聚乳酸纤维/Tencel/棉环保、 高吸湿赛络菲尔包缠纱	张艳玲、衡冲	王庆涛、赵立环、周宝明
	天津工业大学	涤纶长丝与羊绒腈纶包芯纱的 防静电处理	陈虹秀、谢松、王戈扬	石睫、赵立环、周宝明

	武汉纺织大学	超细超柔软纺织品的研发	吕玲、程思、苏坤	李文斌
	德州学院	细拜耳腈纶/细旦Modal纤维赛络紧密纱	李保委、纪芮、许贤	叶守岌
	德州学院	蚕蛹蛋纱白纤维/白竹炭改性聚酯/有机棉多功能纱的开发	荐洪秀、勒继康、于佳滢	张会青
	德州学院	AB型介入纺新型纱线	张歆珧、曲晓花、王文康	张伟
	德州学院	微孔涤纶/羊毛/帐型黑导电涤纶紧密赛络混纺纱	张歆珧、曲晓花、刘洋	张伟、盛爱军
	德州学院	丝光羊毛、水溶纤维、抗菌纤维赛络紧密纺针织纤维	张志冲、刘洋、曲晓花	张伟、盛爱军
	德州学院	莫代尔/海斯莫斯/蚕丝蛋白纤维赛络紧密纺针织纱	刘洋、张志冲、张歆珧	张伟、盛爱军
	德州学院	Clearmax抗菌纤维/竹浆纤维/棉赛络紧密纺的研制	靳继康、孙飞龙、宋婕	张会青
优秀奖（31项）	德州学院	阻燃腈纶/涤纶赛络AB纱	纪芮、李保委、许贤	叶守岌
	德州学院	半精纺环保涤纶/玉蚕纤/牛绒色纺缎彩纱	洪丽杰、曲晓花、刘洋	张伟
	德州学院	利用超细Modal Air开发120S紧密纱	王文康、朱聪、	张伟、盛爱军
	天津工业大学	阻燃防爆工作服用包芯纱的开发	柴醒醒、蒋旻宣	周宝明、赵立环
	天津工业大学	紧密纺阻燃芳纶/聚芳醚酮/导电纤维赛络纺竹节纱线	李梦晨、曹文静、李亚爽	赵立环、周宝明
	天津工业大学	自动调温、吸湿透气抑菌抗菌的空心纱	李园平、刘娜	赵立环、周宝明
	天津工业大学	可降解功能性波形、圈圈纱的开发	贾旺、景静、郭军	赵立环、周宝明
	天津工业大学	彩棉/涤纶等线密度段彩纱	查晓蕾、邢子旋	赵立环、周宝明、胡传胜
	天津工业大学	高强吸湿波形纱	支中祥、金福全	赵立环、周宝明、张振波
	天津工业大学	具有吸附、阻燃功能的高强、耐磨活性碳纤维/涤纶长丝包缠纱	邰秀秧、周吉磊	王庆涛、赵立环、周宝明

优秀奖（31项）	武汉纺织大学	复合捻向纱线	王吴超、黄宇娇、孙永培	陈益人
	盐城工学院	薄荷黏胶纤维棉转杯纱	姜宇、高森、陆逸群	吕立斌、崔红、杜梅
	盐城工学院	阻燃抗菌、吸湿透气快干赛络紧密竹节纱	陈晓敏、何倩、张阳阳	崔红、杜梅、吕立斌
	盐城工学院	吸湿排汗涤纶薄荷棉赛络紧密竹节纱	鲍学琼、镇佳莉、张剑波	崔红、杜梅、吕立斌
	盐城工学院	阻燃抗菌吸湿透气快干多组分段彩纱的开发	何倩、姜宇、高森	崔红、杜梅、吕立斌
	中原工学院	雪里看花	张慧平、娄倩倩、朱元昭	汪青、章伟
最佳创意奖	武汉纺织大学	基于扁丝基材的高强包芯纱	魏楚、汤清伦	张如全
	武汉纺织大学	抗菌复合纱	瞿怡畅、胡展翱、陈领	陈军
最佳功能设计奖	南通大学	低木碳素含量棉秆皮纤维的提取及纱线、面料产品开发	韦娇艳、曹巧丽、唐新红	董震、余进
	武汉纺织大学	嵌入纺构树皮纤维功能纱	鞠紫昕、李梦然、唐斌斌	瞿银球

表 6-3 第六届全国大学生纱线设计大赛优秀组织奖

奖项	院校
优秀组织奖	德州学院
	天津工业大学
	武汉纺织大学

表 6-4 第六届全国大学生纱线设计大赛优秀指导老师名单

单位	姓名
安徽工程大学	王旭、袁惠芬
德州学院	高志强、张梅、叶守岌、张伟、张会青、盛爱军、徐静
河北科技大学	阴建华、李向红、才英杰
河南工程学院	姚永标、刘云、陈丽娜、刘杰、杨明霞、刘慧娟、张一平、王琳
嘉兴学院	杨思龙、张焕侠、曹建达、敖利民、徐旭凡、史晶晶
江南大学	吴志明
南通大学	董震、余进
上海工程技术大学	刘晓霞
苏州大学	王祥荣、眭建华
天津工业大学	张毅、荆妙蕾、王庆涛、赵立环、周宝明、石睫
武汉纺织大学	武继松、肖军、陈军、张如全、陈益人、曹根阳、刘菁、李建强、瞿银球、吴济宏
西安工程大学	李文雅
盐城工学院	吕立斌、杜梅、林洪芹、崔红、高大伟
中原工学院	陈守辉、王曦、叶静、张迎晨、李新娥

4. 部分获奖作品介绍

一等奖

（1）**作品名称：** 轻薄保暖牦牛绒空芯纱

作者单位： 天津工业大学

作者姓名： 焦伟、崔成峰

指导教师： 赵立环、周宝明

产品介绍： 空心纱在纺织纱线中有较好的应用前景，牦牛绒空心纱面料柔软，具有较好的保暖性能，证明了该种方法的可行性，今后要进行工艺参数的调试，进一步完善面料性能。

（2）**作品名称：** 吸湿导汗复合纱

作者单位： 武汉纺织大学

作者姓名： 黄安丽、向鑫、张鑫磊

指导教师： 陈军

创新点： 木棉／棉 18.2tex 嵌入式复合纱，原料的特点是利用木棉、棉纤维吸湿性强，手感柔软，及时吸取汗液，同时木棉中空可以存储汗液，具有科学性；利用嵌入式复合纺纱技术克服木棉较短不易成纱的缺陷，具有先进性，达到了吸湿导汗功能的新颖性。

适用范围： 适合针织、机织，满足小孩、成年人内衣用品对于皮肤亲和性能好、手感柔软的需求，同时具有吸湿导汗功能，应用推广前景良好。

专家点评： 该作品充分利用木棉中空大，吸湿储汗强的特点，针对木棉纤维粗、短、光滑的缺陷，通过采用嵌入式纺纱技术，使其与棉复合成纱，形成了木棉／棉的吸湿导汗纱。该作品利用嵌入式纺纱方法，弥补了木棉纤维可纺性差的不足，构思巧妙，方法合理。若能对所得到的复合纱的吸湿导汗功能进行测试、对比，则产品的功能更能体现。

二等奖

（1）**作品名称：** 阻燃涤纶／棉／薄荷纤维／三角涤纶 38tex 转杯纱（新型纱线）

作者单位： 盐城工学院

作者姓名： 唐琪、何倩、王敏贤

指导教师： 林洪芹、杜梅、崔红

产品介绍： 本次参赛作品是一种舒适、除菌、有光泽的阻燃纤维，为改变传统粗糙、暗沉的阻燃纤维提供了可能，更为多功能纤维的制备提供了借鉴。

（2）**作品名称：** 麻赛尔／竹／锈钢长丝防辐射防穿刺抗菌包芯纱（新型纱线）

作者单位： 天津工业大学

作者姓名： 柴醒醒、蒋旻宣

指导教师： 赵立环、周宝明

作品介绍：本作品是一种纺织辐射纱线，它涉及纺织技术领域，主要在保证防辐射功能的基础上，尽量提高面料的舒适性和柔软性。

最佳创意奖

作品名称：基于扁丝基材的高强包芯纱（环锭纺）

作者单位：武汉纺织大学

作者姓名：魏楚、汤清伦

指导教师：张如全

产品介绍：本作品把废弃的扁丝资源应用于纱线既降低了生产成本，提高了经济效益，也把废弃物转化为可再利用的资源，对实现废物利用、经济环保的提供了一种思路。

5. 参赛体会

焦伟（一等奖获得者）：目前就读于天津工业大学，博士二年级

感谢大赛主办方给我们纺织相关院校的学生提供这么好的机会，感谢学校，学院对参赛学生的支持，感谢大赛过程中周宝明老师和赵立环老师的悉心指导。

通过参加这次纱线面料设计大赛，我们首次把书本上的纺纱流程和针织机操作应用到了实际中，加深了理论理解，丰富了实践经验，同时也培养了我们的团队协作能力。虽然是比较成熟的工艺流程，但整个操作过程中仍有很多科学问题值得我们去思考，材料的选取，参数的设计，面料组织的选择，第一次觉得纺织并不只是手工操作，而是包含了很多前辈们的实际操作经验和理论指导，启发了我的科研能力，后来研究生阶段我又将"牦牛绒空心纱的纺纱方法"进行了总结，申报了相关专利，实用新型专利已授权。我们所做的工作也许不能直接应用于实际生产，但是至少证明了该种方法的可行性。

最后，祝全国纱线设计大赛越办越好！

陈佩珠（二等奖获得者）

我 2015 年参加"立达杯"的时候刚上大三。那时候对纱线原料，织物结构各方面特性都不熟悉。报了名以后，在纺织学院陈益人教授的指导下开始对纱线原料、织物结构等有了较为系统的学习和了解。我们参赛的作品名称是"舞动青春"。整个作品从立意到原料选择，结构搭配和参数设置等都经过多次调整和优化，最终选用莫代尔纱线作为该系列作品的主原料。利用其优良的悬垂性和环保吸湿特性，选用亮丽的颜色，搭配小提花结构，使整个作品更显年轻和活力，故最终命名"舞动青春"。

参赛至今已有五年，我从大学毕业后一直在东莞超盈纺织有限公司工作，到现在，工作满三年，在公司从事梭织 CAD 工作。回想最初对织物组织和原料等一无所知到现在能游刃有余从事梭织 CAD，很多基础都是当时参加比赛的时候积累的，比如对原料的了解，对织物结构的学习等。织物生产的过程是环环相扣的，纱线的特性决定织物的特性，纱线与结构的搭配和参数的选择决定织物的风格，想做好纺织专业，必须稳扎稳打，学好每一个基础，这是 2015 年参加"立达杯"以来，学校专业学习加上企业工作经历，我最大的感受。

建议赛事应以拓宽学生参赛作品的种类和形式，全方位挖掘学生对纺织知识的学习和理解为目的。加深比赛的深度，如学生对其参赛作品的进一步阐述和运用，参与最终产品的制作。

李子扬（三等奖获得者）：目前就职于滴滴出行，负责用户体验数据分析工作

参加全国大学生纱线设计大赛一晃 4 年多了，现在回过头来想想，还是很感谢自己当时能鼓起勇气挑战一下。

其实说是去参加比赛，心里并没有多少底气。知识从课本上零零散散学来之后，印象并不深刻，甚至都叫不全需要用到的设备名字，总感觉纺织的流程很长，操作很复杂。况且，知识做不到融会贯通，想针对性的选一个合适的课题就更难了。

所幸立项的时候，周宝明老师给了很多方向上的启发，也多亏有了这些指导，之前发散的思路慢慢聚焦到新式纺纱工艺上。查文献，做实验，评估效果，讨论改进方案，在这个闭环中，之前模糊的流程渐渐有了脉络，纸上的方案也终于变成了成果。与刚上手时的手足无措相比，比赛结束的时候自己对导电纱竟然还有了一些小心得。

感谢大赛提供了弥足珍贵的机会，引导我反复吸收课本上的知识，并沉淀到实践中去。

汤清伦（最佳创意奖获得者）：现就读于武汉纺织大学研究生

我们团队在参加 2015 年第六届全国大学生"立达杯"纱线暨面料设计大赛中的参赛作品是"基于扁丝基材的高强包芯纱"，对纺织行业有积极的作用：将废旧的扁丝材料应用到纱线中，提高纱线强力的同时，又能达到环保、废物利用的目的。对我自己的影响，就是让当年读大二的我，对纺纱有了更深刻的认识和浓厚的兴趣，从此，与纺织结下了不解之缘，现在读研的研究方向是纺织新材料的开发。

希望举办方可以在网站上，对往届的获奖作品的资料（照片、作品简介等）进行收录，便于后期学生参考、学习，提高赛事宣传度。

（七）第七届全国大学生纱线设计大赛

1. 基本情况简介

主办单位：教育部高等学校纺织类专业教学指导委员会、中国纺织服装教育学会

承办单位：东华大学

赞助单位：立达（中国）纺织仪器有限公司

大赛主题：创新从纱线开始

举办时间：2016 年 6 月—2016 年 12 月

举办地点：初审——东华大学图文信息中心第二报告厅

终评——常州立达（中国）纺织仪器有限公司

参赛情况：本次大赛共收到来自 13 所高校的 195 份作品，经专家评审共有 61 份作品通过初审入围终评。大赛共评出一等奖 5 项，二等奖 10 项，三等奖 15 项，优秀指导教师奖 10 项以及优秀组织奖 3 项。

图 7-1 评审现场

图 7-2 参赛同学现场汇报

2. 评委会名单

表 7-1 第七届全国大学生纱线设计大赛组委会名单

组别	职务	姓名	工作单位
第一组	组长	郁崇文	东华大学纺织学院
	组员	彭克勤	立达（中国）纺织仪器有限公司
		张昕	山东联润新材料科技有限公司
		邢明杰	青岛大学纺织服装学院
第二组	组长	张晓生	立达（中国）纺织仪器有限公司
	组员	潘志娟	苏州大学纺织与服装工程学院
		马晓辉	江苏大生集团有限公司
		王新厚	东华大学纺织学院
第三组	组长	王建坤	天津工业大学纺织学院
	组员	倪阳生	中国纺织服装教育学会
		曾永齐	立达（中国）纺织仪器有限公司
		张尚勇	武汉纺织大学纺织学院

3. 获奖名单

表 7-2 第七届全国大学生纱线设计大赛获奖名单

奖项	院校	作品名称	作者姓名	指导老师
一等奖（5项）	天津工业大学	兔绒纤维/柔丝蛋白纤维/黏胶纤维赛络紧密纺纱线	康乐、闫江山	胡艳丽、王建坤、周宝明
	青岛大学	大差异AB竹节纱	王进、卢宇迪、王菲	邢明杰
	东华大学	纱之精灵	曾嘉梅、张丽娜、江小宝	李乔
	嘉兴学院	等线密度段彩纱——时光	姚舒婷、郭银雅	杨恩龙
	青岛大学	溢彩注射羽毛纱	崔靖飞、王新彪、王正祺	邢明杰、丁莉燕

	天津工业大学	舒适防切割多领域应用包缠纱的研制	卢俊、孙璐	周宝明、张淑洁
二等奖（10项）	中原工学院	闪光黑色扁平涤纶/Tencel A100/黑黏/白黏13tex（20D）多组分纤维集聚纺段彩氨纶包芯纱及提花织物	张涵、陈泰语、黄圆	叶静
	天津工业大学	清新抗菌阻燃防紫外防雾霾竹节纱	薛灿浓、王珠力、袁小婷	周宝明、张淑洁
	天津工业大学	蓄热调温纤维、兔毛、落羊绒的混合弹力包芯纱	董小龙、曹旭有、李言	周宝明、张淑洁、王建坤
	青岛大学	竹节特征的色纺段彩纱	金艳红、张恒宇、张懿杰	邢明杰、赵娜
	中原工学院	特殊彩缎纱线	张琦、冯青硕、李雪见	郑瑾
	德州学院	生态多功能性汉麻/有机棉/Icetouch冰凉触感混纺纱	史善静、任晓萌、范琳琳	王静
	盐城工学院	抗菌除臭、亲肤保健、吸湿透气桑皮纤维紧密段彩纱	唐琪、张飞、方羽	崔红、林洪芹、高大伟
	天津工业大学	清凉提神透气抑菌环保的天丝-薄荷纤维空芯纱	童亚敏、韩旭	张淑洁、周宝明、王建坤
	武汉纺织大学	嵌入式复合纺纱技术纺制棉/亚麻/黏胶/CoolMax复合纱	陆雨薇、张书贵、陈倩、余庆	陈军
三等奖（15项）	武汉纺织大学	新型高强高光洁纱线	蔡超迁、胡爽	张如全
	东华大学	石墨烯混纺阻燃纱线的开发	范明义、杨亚楠	王新厚
	盐城工学院	抗菌保健、吸湿凉爽罗布麻纤维竹节纱（一帘幽梦）	郑君、王陶然、吴晓敏	崔红、林洪芹、高大伟
	德州学院	菠萝麻/草珊瑚纤维/卡普龙铜离子纤维/蚕蛹蛋白纤维赛络紧密复合纱	刘珊珊、姜鹏飞、宋婕	张会青

三等奖（15项）	东华大学	大麻/棉/舒弹纤维混纺纱	王涵、申元颖、高志娟、高正心、魏稼裕	郁崇文
	德州学院	多功能段彩轨道纱	张亚奇、郭亭、范琳琳	王静
	盐城工学院	竹浆薄荷羊毛波形纱(美人背)	杨美、钱淋娜、常冬梅	崔红、林洪芹、张伟
	德州学院	Siwear/天竹/柔丝纤维智能调温混纺纱	宋婕、刘珊珊、姜鹏飞	张会青
	盐城工学院	羊毛腈纶复合保暖自捻纱（线条的自述）	常冬梅、钱淋娜、杨美	林洪芹、崔红、高大伟
	天津工业大学	具有除臭、净化空气等多功能纱线	李寒峰、沈鑫	周宝明、张淑洁
	天津工业大学	远红外导电防辐射包芯纱	左祺、周小萌	周宝明、张淑洁
	天津工业大学	薄荷纤维/绢丝/彩棉清凉醒目段彩纱	周小萌、左祺	周宝明、张淑洁
	德州学院	咖啡碳/木棉抗菌保暖多功能混纺浅灰针织纱	古晓龙、史长曲、史善静	王静
	天津工业大学	医疗保健、保温、抗菌多功能性紧密纱	代彦彦、赵万香	周宝明、张淑洁
	嘉兴学院	Fe_3O_4-PU磁性纳米纤维纱	王怡婷、胡佳媛、汤美晶	詹建朝
最佳创意奖	江南大学	数码的点缀	王子玉	周建
优秀奖（31项）	德州学院	精梳棉/德国细旦拜尔腈纶/黏胶/大豆纤维针织赛络紧密纺	王韶若、王鑫、张玉	叶守岌
	德州学院	高支高强凉爽光滑保健纱线	孙涵、王聪、张媛媛	王秀燕
	德州学院	基于抗起球掉毛的兔绒/棉/天茶纤维保健涡流纱	岳俊玲、王晓彤、王丽娜	张梅
	德州学院	黏胶/天丝/蚕蛹蛋白纤维/鱼油纤维混纺保健纱	肖梦苑、吴传芬、贾玉甜	张伟、王静

	德州学院	莱赛尔/卢卡纤维/黄麻纤维的驱蚊花式纱	卢丽、王志龙	马洪才
	德州学院	银离子/竹纤维/JC/玉蚕纤维50支杀菌护肤赛络纺紧密针织纱	张志冲、刘洋、黄宁	张伟
	德州学院	海藻/甲壳素/聚乳酸纤维医用赛络紧密纱线	胡家豪、宋婕、卓婷婷	张梅、张会青
	嘉兴学院	旧时光(PLA+铜氨长丝复合纱)	谢俊成、覃月	曹建达、张焕侠
	南通大学	Outlast调温纤维混纺纱及其使用方法	石敏	陈春升
	南通大学	UHMWPE短纤纯纺纱线及产品开发	房江涛、袁影	严雪峰、余进
优秀奖（31项）	南通大学	高性能耐切割复合纱及产品开发	袁影、房江涛	严雪峰、蒋丽云
	青岛大学	仿麻绉纹面料纱（精梳棉/涤纶 60/40 40S）	朱卫霞、燕芮、苏艺轩	邢明杰、赵学玉
	苏州大学	合股加捻	罗瑞方、张宏妮	张岩
	苏州大学	新型石墨烯复合纳米纤维纱线	李飞洋、张维泼、潘玉敏	潘志娟、张岩
	太原理工大学	羊驼绒与超细羊毛混纺纱线的研发	赵素花、于璐、闫丹	刘月玲、王玉栋
	天津工业大学	耐磨、阻燃、屏蔽军用赛络菲尔纺纱	纪凯旋、郭馨	张淑洁、周宝明
	天津工业大学	复精梳亚麻落麻/羊绒落绒混纺纱	韩连合、韩世娇	张淑洁、周宝明、马崇启
	天津工业大学	具有保健抗菌、抗静电性能的多孔保温弹力纱线	倪锋、李冰、甘世金	周宝明、李翠玉、张淑洁

	武汉纺织大学	苎麻纱	余庆、梅思敏、唐雨蓉	黎征帆
优秀奖（31项）	新疆大学	凹凸·色彩	马红霞、郑艳军	刘娴、肖远淑
	盐城工学院	防蚊抑菌负离子多功能复合纱	王慧云、张洁、郑洁	高大伟、崔红、林洪芹
	盐城工学院	抗菌保暖波形线（梦幻红）	方羽、吴婷婷	林洪芹、崔红、高大伟
	盐城工学院	混色抗菌保暖、吸湿快干圈圈纱（传承）	姚鑫、刘晨、方羽	林洪芹、崔红、高大伟
	盐城工学院	多功能中空紧密咖啡碳紧密纺纱（星星点点）	刘晨、姚鑫、吴婷婷	林洪芹、崔红、高大伟
	中原工学院	竹炭黏胶/Tencel A100/彩涤12.5tex(20D)/紧密纺包芯段彩纱及提花织物	苏玲、武双林、赵兰	叶静
	天津工业大学	阻燃黏胶/间位芳纶混纺涤纶包芯纱线	魏士朋、白明琪	张淑洁、周宝明
	江南大学	数码的点缀	王子玉	周建
	德州学院	莱麻/竹纤维/雅赛尔生物基纤维抑菌功能混纺纱	刘珊珊、王双双、赵慧	张会青
	德州学院	多功能AB段彩纱开发	刘欢、王文康、刘为翠	张伟、王静
	天津工业大学	抗紫外线竹纤维/涤纶紧密包芯纱	项春节、张圆	张淑洁、周宝明、王建坤
	天津工业大学	人发短发发辫	袁小婷、周小萌、薛灿浓	周宝明、张淑洁、马崇启

表 7-3 优秀指导老师奖获奖名单

学校	指导老师
天津工业大学	胡艳丽
青岛大学	邢明杰
东华大学	李乔
嘉兴学院	杨恩龙
天津工业大学	周宝明
天津工业大学	张淑洁
盐城工学院	林洪芹
盐城工学院	崔红
德州学院	王静
德州学院	张会青

表 7-4 组织奖获奖名单

学校	参赛作品数	入围作品数
德州学院	91	14
盐城工学院	32	8
天津工业大学	31	15

4. 获奖作品介绍

一等奖

（1）作品名称： 兔绒纤维 / 柔丝蛋白纤维 / 黏胶纤维赛络紧密纺纱线

作品单位： 天津工业大学

作者姓名： 康乐、闫江山

指导教师： 胡艳丽、王建坤、周宝明

创新点：

①原料创新：兔毛（保暖）＋柔丝蛋白（远红外热效应）＋彩色黏胶（调节色彩）；

②细纱纺制创新：采用赛络紧密纺减小了纺纱三角区，有利于降低毛羽，使纱线具有表面光洁、强力高的特点；

③增加纱线的功能效应，用于保健领域。

适用范围： 基于兔绒纤维和柔丝蛋白纤维优良特性开发出的混纺面料，吸湿保暖环保、亲肤保健护体，可适用于保暖内衣、床上用品和服装等保健纺织品。

市场前景： 兔毛是我国的骨干出口农副产品，国家农业结构调整，不少地区都加大了对兔业的扶持力度，从资金、政策上加大了倾斜。同时兔毛以轻、细、软、保暖性强、价格便宜的特点而受人们喜爱，但兔绒价格仅是山羊绒的 1/2，性价比优势明显，兔绒产品深加工前景不可估量。

（2）作品名称： 大差异 AB 竹节纱

作者单位： 青岛大学

作者姓名： 王进、卢宇迪、王菲

指导教师： 邢明杰

纱线作品简介： 作品将赛络 AB 纱技术、竹节纱技术、紧密纺技术有效地结合，设计了一种新型的纺纱技术，并开发出了具有独特风格的纱线。

作品成功实现了大差异 AB 纱的纺制，在工艺、机构改造等方面做了较多工作，并采用新型智能化竹节装置，改变传统的在环锭细纱机上生产的竹节纱是依托前中后罗拉回转速度不同来实现，即机械控制方法，其竹节的节距、节粗、节长调正较困难，同时，在紧密纺设备上改造研发。解决了大差异纺纱过程控制、竹节及变化的有效实现、紧密纺对毛羽的减少等关键问题与技术。

竹节纱是目前较流行的一种花式纱，其织物具有时尚、新颖的风格，采用赛络紧密纺纱技术纺制的 AB 竹节纱，具有类似于股线的结构，其中一股须条（棉）较粗，占 80%，另一股须条（涤纶）较细，占 20%。而且毛羽较少、表面光洁，通过智能化竹节装置控制，纱线根据相关设计在长度片段上产生粗细变化，即竹节。该纱线织物具有鲜明的凹凸立体效应，加之两股须条染色性能有别，通过单染后更可实现色彩的鲜明对比，极具时尚感。

该纱线不仅光洁、强力高、毛羽少，竹节部分更为紧致光洁，具有鲜明的凹凸立体效应，加之两股须条染色性能有别，可以通过单染技术来处理。这种技术是纱线织成织物后进行染色时只染其中的一种纤维，这样织物印染后布面出现留白效果，做成服装比较时尚，风格鲜明，同时也节省了染色的成本，符合现代

人们的生活观念。纱线应用在针织物与牛仔织物上后，织物表面呈现出不规则的竹节风格，适应服饰时尚化、新颖化的要求，可以制作针织休闲 T 恤和运动卫衣。

专家点评： 赛络紧密纺是近年来发展起来的一种新型纺纱技术，其特点是消除了捻角三角区，不但使纱线紧密、外观光洁、毛羽少、强力较高，而且还具有 AB 纱线的风格及抗起毛起球、抗磨性能优等特点。

图 7-3 纱线面料

作品将多种新技术在赛络紧密纺技术上应用，如智能竹纱化装置与技术，设计了不同的竹节参数，对竹节的节距、节长和节粗进行简便有效地调控，使得生产的纱线富于变化，具有独特的竹节风格，有更加新颖先进的特点。纱线强伸性能好、毛羽少、成纱条干光洁、纱身紧密、股线风格明显，特别是竹节。

作品研究了 AB 纱中大差异的纺纱问题和难题，并与紧密纺技术、竹节纱技术结合，探索了多技术结合开发新型纱线的技术与方法。研究思路新颖、效果良好，具有较强的创新性和实用性。

作品对于多种技术共同使用的有效性和稳定性需要进一步研究完善，并开发出多种不同风格的纱线。

（3）作品名称： 纱之精灵

作者单位： 东华大学

作者姓名： 曾嘉梅、张丽娜、江小宝

指导教师：李乔

创新点： 聚吡咯具有优良的导电性，与纱线结合也可制得优良的导电纱线，关于这方面的研究近年来已经开展了很多，有一定的理论基础，相关技术比较成熟。不过，此前的研究都是对于普通纱线，本作品是在弹性纱线的基础上进行聚吡咯涂层的，拉伸性能优异，可在较大变形下仍保持良好的导电性，是制备拉伸传感器的优良材料。

适用范围： 柔性传感器，柔性电源以及由这些元件制成的智能可穿戴纺织品，比如智能手套、智能内裤等等。

市场前景： 近几年来，智能穿戴产品呈井喷式增长，吸引了大量的资金投入，智能穿戴市场前景广阔，对弹性导电纱线的需求量巨大。我们设计的弹性导电纱线结构稳定、性能优异，可以运用到柔性传感器、柔性电源的开发中。

专家点评： 该作品是将稳定性、导电性俱佳的高分子聚合物——聚吡咯均匀聚合在弹性包缠纱表面，形成具有导电性能的弹性纱。作品巧妙地利用了上浆和牵伸技术，通过优选合理的聚吡咯浓度、催化剂浓度、聚合时间、聚合温度等工艺，获得了性能较优的导电弹性纱，可以应用在智能型柔性传感器和智能服装等领域，使得纺织服装业真正融入到智能信息化步伐中，并为智能化的广泛、便利地应用提供基础。

图 7-4 一种基于包缠结构的高弹传感纱

（4）作品名称： 等线密度段彩纱——时光

作者单位： 嘉兴学院

作者姓名： 姚舒婷、郭银雅

指导教师： 杨恩龙

创新点：

①采用了三轴四罗拉段彩纱装置，该装置是传统的细纱机牵伸机构上改造而成，采用同轴线位速度耦合控制的三轴四罗拉段彩纱装置，可以较容易实现两种纤维喂入量的恒定，从而实现等线密度纺纱。既可轻松实现纱线横截面和长度方向的不同色彩组合，又可较好地保持纱线条干均匀度。该纺纱技术克服了现有段彩纱结构存在的缺陷，实现了主纱与辅纱同步同位点控制，适用于各类纤维的纺制，可用于各类罗拉牵伸纺纱机构纺制段彩纱的技术改造；

②采用针梳并条工艺进行段彩纱配色，把有色或无色的纤维喂入多色并条针梳机的后部，从机身侧旁四个喂入机位，用电脑程序控制机器，分段控制有四个步骤：配色罗拉转速，实现分段配色，制成段彩条，再纺制成段彩纱，该工艺可以在同一工序中实现较多色段配色。通过控制配色罗拉转速可以控制段彩纱色段的长度，根据实际需求纺制出需要的色段长度，相同时间，配色罗拉转速快，则色段长，反正则色段短。采用这种工艺纺制成的段彩纱色段过渡段短，且过渡自然，不会影响成品织物的美观；

③采用等线密度段彩纱技术，后区采用同轴双罗拉牵伸，固定罗拉与活套罗拉分别由后罗拉轴与活套罗拉轴传动，其转速受电脑程序控制器控制，可以对牵伸区参数以时间分段进行设定，改变不同时间段内两粗纱牵伸倍数可以改变其在细纱相应段内的质量比例，以实际段彩效果，改变各段纺纱时间的长度可以改变该段细纱的长度。该方法能显著提高纺纱效率，改善纱线条干均匀度更适合大规模生产。

主要用途：本产品采用不同的色彩组合及彩段比例，配以简单的织物组织，可以在织物表面形成特殊的纹理效果，这种面料在传统面料变化的基础上增加了纱线彩段长度及色纤维含量的变化，使织物外观看起来更富有层次感和立体感，提成了产品的技术含量和档次，可应用于家纺和时装领域。

专家点评：本作品采用报送单位自主研发的等线密度段彩纱设备纺制而成，所用设备后区采用同轴双罗拉牵伸，固定罗拉与活套罗拉分别由后罗拉轴与活套罗拉轴传动，转速通过电脑程序控制，实现对喂入双色粗纱的喂入量以时间设定方式分段进行设定，改变不同时间段内两粗纱牵伸倍数，因而改变其在细纱相应段内的质量比例，使输出纱线不同片段呈现段彩效果。由于两根粗纱的喂入速度采用耦合控制，因而可实现成纱线密度的均匀。本产品所采用的技术具有一定的创新性和推广价值。不足之处在于，由于牵伸装置的运转惯性，段彩纱色段长度的设计受到一定的限制，不能设计较短的色段。

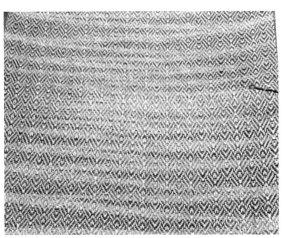

图 7-5 等线密度段彩纱及其织物

（5）**作品名称：** 溢彩注射羽毛纱

作者单位： 青岛大学

作者姓名： 崔靖飞、王新彪、王正祺

指导教师： 邢明杰

作品简介： 设计了一种与采用割绒方式生产羽毛纱截然不同的新式羽毛花式纱。与传统采用割绒方式生产的羽毛花式纱不同，溢彩注射羽毛纱是直接采用特种扁平粗旦纤维与常规纤维混纺，由于纤维规格不同，纤维在纱线截面内的分布状态不同。扁平、粗旦纤维因抗弯刚度大，加捻时易倾向于分布在纱线外层，纤维一端伸出纱体，形成丰满的羽毛效果，就像将纤维注射进了纱线一样。为了使纱线产生丰满的羽毛效果。为更能使得扁平粗旦纤维既能一端在纱体，又能一端形成羽毛，优化设置了特殊的工艺参数及对设备机构做了改进。

形成原理是充分利用了加捻三角区成纱原理，纱线可以被看成近似圆柱体，加捻前须条中纤维平行排列，加捻使纤维由直线变成螺旋形。须条中原本长度相等的纤维，加捻后若处于纱线外层，螺旋线路径长，纤维受到拉伸被伸长张紧，所以外层纤维有向内层挤压或者转移的趋势。外层纤维挤入内层的同时，内层纤维转移至外层。这种纤维由外向内、由内向外的转移被称作纱中纤维的径向转移或内外转移。前罗拉连续吐出须条、加捻、卷绕的过程中，加捻三角区附近不停地发生着内外转移，一根 30mm 长的纤维往往要发生数十次内外转移，纤维一端或两端露出纱身成为毛羽。当纤维性能差异大时，内外转移分层更加明显。本设计选取了扁平黏胶（染色）和精梳棉，为结构性质差异较大的纤维，实现了设计目标。

该纱线同时属于采用了色纺纱技术，将纤维染成有色纤维，然后将两种或两种以上不同颜色的纤维经过充分混合后，纺制成具有独特混色效果的纱线。采用的色纺技术缩短了后道加工企业的生产流程、降低了生产成本，色纺纱能实现白坯染色所不能达到的朦胧的立体效果和质感。色纺纱使用起来无污染，还可以最大程度地控制色差。

溢彩注射羽毛纱由纱体和羽毛两部分组成，羽毛自然，光泽好，织物经过定型处理后，物理性质和化学性质都较为稳定，织物布面丰满，光泽柔和，布面丰满，手感柔软且质轻，透气性好，颜色富于变化，且具有羽毛装饰效果。

羽毛纱服用性能好，保暖性强，宜在衣、帽、围巾、袜子、手套上大量使用，产品在市场上有很大反响。

专家点评： 作品设计了一种与新型的羽毛花式纱的纺制方法，与传统采用割绒方式生产的羽毛花式纱不同。这一新型的羽毛纱纺制方法利用了环锭纱加捻三角区纤维内外转移形成不同纤维分层结构的原理，选用了易分布外层的扁平粗旦纤维与精梳棉混纺，实现了设计目标。为实现突出设计效果，对机构进行了改进和优化了工艺。该纱线采用纤维染色，属于色纺纱技术，省却了后续工序。

作品设计思路新颖，学生能充分结合所学专业知识开发产品，有所创新。产品外观效果良，有一定的推广应用前景。

建议作品开发中应进一步优化选取纤维、优化工艺及改造设备，实现更好的羽毛效果和注射效果。

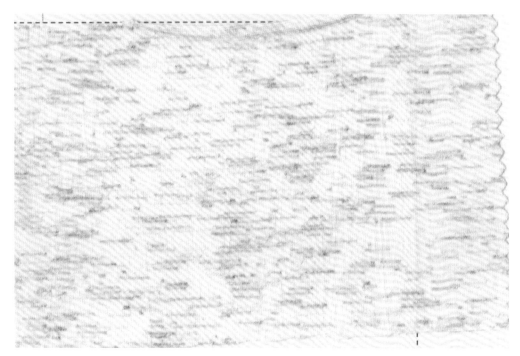

图 7-6 纱线面料

二等奖

（1）**作品名称：** 清新抗菌阻燃防紫外防雾霾竹节纱

作品单位： 天津工业大学

作者姓名： 薛灿浓、袁小婷、王珠力

指导教师： 周宝明、张淑洁

创新点：

①满足对窗帘等的装饰用纱的阻燃要求使用了一定比例的间位芳纶纤维，具有良好的阻燃效果；

②满足纱线对于吸附功能的要求在纱线中使用活性炭纤维，相比较一般活性炭制品，活性炭纤维具有更好的吸附效果；

③添加抗菌纤维，在吸附的同时起到一定的抗菌作用，避免细菌滋生，对纱线织物造成二次污染，影响纱线织物本身的功能

④添加了一定比例的绢丝，其中的蚕丝蛋白中的乙氨酸与紫外线会发生光化反应，具有一定的抗紫外功能。

适用范围： 此种纱线使用了薄荷纤维，活性炭纤维，间位芳纶纤维，绢丝纤维。具有净化空气防雾霾的功能，还满足了对于装饰用纱线织物的阻燃要求以及对已吸附的杂质进行杀菌的作用，避免二次污染。可以应用于装饰用织物当中，无论是作为针织用纱还是机织用纱，生产出的织物都具有良好的外观性与实用的功能性，比如当其作为窗帘纱使用时，不但可以吸附空气中的杂质，还具有一定防紫外的效果，避免外界流通进室内的空气中中带有的杂质影响人体健康和阳光中的紫外线对室内人体家具的伤害。

市场前景： 在空气污染日益加剧的今天，人们对于防霾的越来越重视，开发出一种能有效吸附杂质，且一次投入终生使用的高性价比的织物会瞬间抓住消费者的目光，具有广阔的市场前景。

（2）**作品名称：** 蓄热调温纤维、兔毛、落羊绒的混合弹力包芯纱

作者单位： 天津工业大学

作者姓名： 董小龙、曹旭有、李言

指导教师： 周宝明、张淑洁、王建坤

创新点：

①拓展蓄热调温纤维的应用领域。传统的蓄热调温纤维只能用以制作单一的服用品，如汗衫，衬衣等。但改进后的纱线可以用作贴身穿用品，如内衣内裤、护膝护腕等，能有效保持体表温度在合适的范围内；

②加入落羊绒，增大了原材料的利用率，体现了环保的一面。以前单一的兔毛纤维制品不耐洗，强力较低，加入氨纶长丝后使织物得到了很好的弹性和强力。混纺后强力伸长性也明显得到改善，使用寿命明显增加；适用范围：纱线芯部为氨纶长丝，该纱线织制的织物具有较好的弹性。由于兔毛的存在，织物的手感和光泽得到了很大的改善，增加了保暖系数，提高了保暖性。羊绒精梳落绒的使用，提高了原材料的利用率。单位质量下的吸水或吸汗比普通织物高，形成的织物具有光泽好、柔软、保温等特点，适合于开发针织产品。可以用于羊绒衫，内衣服饰、护膝护腕、塑形裙装等。

市场前景： 由于织物具有控温、保暖、柔和、亲肤等特点，并且纺纱加工操作简单、流程短、成本低，因此具有较大的市场价值和广阔的市场前景。

（3）**作品名称：** 竹节特征的色纺段彩纱

作者单位： 青岛大学

作者姓名： 金艳红、张恒宇、张懿杰

指导教师： 邢明杰

作品简介： 将竹节纺纱、段彩纺纱、色纺相结合，探索具有竹节特征的色纺段彩纱的纺制，通过对纺纱设备机构改造、工艺优化等开发了一种新型色纺段彩纱的纺纱方法，实现纱线具有多种结构、颜色组合的特殊效果。竹节特征的色纺段彩纱能够呈现出不规则特色的花式纱效果，在纱线的轴向不仅有着粗细竹节的变化，而且有色彩不连续分布交替的花式花色纱。竹节段彩纱不仅拥有传统竹节纱的风格，它的色彩变化更具层次感与立体感。

成纱机理与工艺如图 7-7 所示。主伺服电机 11 与中罗拉 2 传动齿轮通过齿形带相连接，继而通过齿轮传动控制中罗拉转动，主伺服电机 11 速度通过控制器上轮系系数的设定改变，继而控制中罗拉转速以达到改变白纱速度和竹节倍率的目的；段彩伺服电机 8 对后罗拉 3 进行单独控制以达到间断转动的目的。

该纺纱方法及纱线具有以下特色：

①在环锭细纱机上加装了特殊的竹节纱装置，实现了在牵伸方面的变化，进而产生了变异的粗节、细节，从而形成了随机分布的竹节结构，形成粗细分布不均匀的外观，采用该种纱线所制成的织物，花型突出，风格别致，立体感、层次感强；

②采用了色纺的纺纱工艺，将多种不同颜色的纤维进行充分的混合，纺制成具有特殊的混色效果的纱线，其能够在同一根纱线上呈现出多种颜色，色彩丰富、饱满柔和，制成的织物能够形成朦胧的立体效果和质感；

③该种纱线是在段彩纱的基础上设计的，它是有色纤维的一种特殊纺纱工艺技术，其成纱色彩不仅在

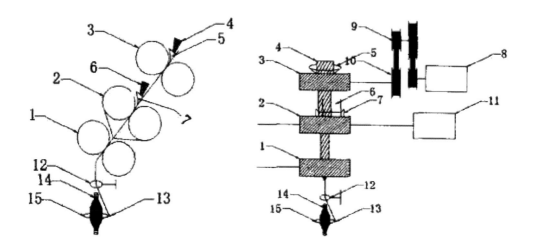

1—前罗拉；2—中罗拉；3—后罗拉；4—彩色粗纱；5—喇叭口；6—白色粗纱；
7—导纱槽；8—段彩伺服电机；9—两对蝴蝶牙传动齿轮；10—皮带；
11—主伺服电机；12—导纱钩；13—钢丝圈；l4—纱管；15—钢领

图 7-7 成纱机理与工艺流程示意

（注：采用不同颜色的原液着色莫代尔纤维进行纺纱，原料规格 1.33dtex×38mm）

纱线同一截面内由多种彩色纤维组成，而且在纱线的纵向长度方面，不同的组合的有色纤维呈不规则断续变化的分布状态，采用该种纱线所制成的织物，色彩柔和饱满，层次感强，风格新颖、独特。

总之，竹节特征的色纺段彩纱是一种集竹节随机变化、不同色彩搭配以及段彩三种复合风格于一身的新型花式纱线。具备了花型突出，风格别致，立体感、层次感强，色彩丰富、饱满柔和等综合特点。

专家点评：该作品竹节特征的色纺段彩纱将竹节纱、色纺纱、段彩纱结合开发一种新型的花式纱线的纺纱方法。在竹节纱的竹节部分增加彩纱，兼具花式纱和花色纱的效果，其轴向不仅呈现粗细变化的不规则花式纱效果，而且还有色彩不连续分布并且交替出现的花色效果。利用其做成的面料，具有更加丰富的外观色彩，线条仿佛浮雕于布料之上，富有层次及立体变化感。因此，该种纱线市场潜力更大。

色纺由于采用"先染色、后纺纱"的工艺，缩短了后道加工的生产流程、降低了生产成本，相对于采用"先纺纱后染色"的传统工艺，色纺纱产品性能优于其他纺织产品，有较强的市场竞争力和较好的市场前景。

所开发纱线可用来制作针织休闲 T 恤或运动卫衣，区别于传统针织面料，符合当前的流行趋势，具有广阔的发展前景。

作品设计思路科学，方法新颖，效果良好，有一定的创新性。在机构改造与工艺方面还可进一步完善优化，并开发出系列纱线与系列后续产品。

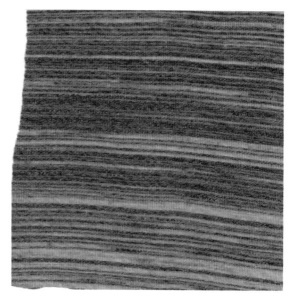

图 7-8 纱线面料

（4）**作品名称：**抗菌除臭、亲肤保健、吸湿透气桑皮纤维紧密段彩纱

作品单位：盐城工学院

作者姓名：唐琪、张飞、方羽

指导教师：崔红、林洪芹、高大伟

创新点：多种组分纤维混纺已经成为开发功能性纺织品的一种途径。本设计通过在梳棉工序将桑皮纤维，棉纤维，罗布麻进行充分混纺制成棉卷，最后在细纱机上通过紧密纺纱纺制成段彩纱。所纺纱线具有抗菌抑菌、亲肤保健、静心凝神，吸湿透气等功能，可直接应用于功能性纺织品的开发。该纱线采用色纺纱技术，三种纤维组份中棉纤维和罗布麻分别为暖色系红色和黄色，桑皮纤维为白色，色彩的交替使用使得纱线外观色调亮丽、休闲、雅致、大方，有种脱离世俗的感觉。桑皮纤维和罗布麻纤维的加入，不仅使得产品具有绿色环保特性，而且赋予产品高品质、高档感和高附加值。纺出的纱线色彩靓丽，织成织物后无需进行染色。生产成本低，具有很大的市场发展空间。

适用范围：夏季服装面料。

市场前景：桑皮纤维是一种非常好且有益健康的纺织原料，开发桑皮纤维适应了当下绿色环保纺织品的趋势。可做西装、衬衫、休闲服等机织产品和T恤衫、运动装、睡衣、内衣等针织产品。

（5）**作品名称：**清凉提神轻薄透气抑菌环保的天丝-薄荷纤维空芯纱

作品单位：天津工业大学

作者姓名：童亚敏、韩旭

指导教师：张淑洁、周宝明、王建坤

创新点：

①采用健康环保的天丝和薄荷纤维，既能满足人们的服用性能，又符合当代社会可持续发展的要求；

②利用包芯纱的加工工技术，经过退维工艺去掉可溶的维纶，得到空芯纱产品。织成的织物更加轻薄，柔软，吸湿性好；

③采用赛络纺纱的原理，三根粗纱同时喂入，省去将维纶粗纱纺制成细纱的过程，缩短了工艺流程。且赛络纺纱线毛羽少，结构紧密，光泽好，耐磨性高；

④采用改进的紧密纺技术，基本上消除了前罗拉到加捻点之间的加捻三角区，得到的纱线强力更高，毛羽更少，在织造的过程中不易发生磨毛的现象；

⑤退维时，选择合适的温度和时间，使最终的产品能都获得良好的吸湿、轻薄、柔软性能。

适用范围：织成的织物毛型感强、手感滑爽、质地轻薄、吸湿透气、柔软洁净、清凉抑菌、提神环保。可广泛用于制作婴幼儿服饰、成人服饰、家纺寝装、内衣袜子，高档服装面料等。

市场前景：这种纺纱工艺流程短，成本低，绿色环保，符合当代社会的可持续发展要求，有很好的市场价值和发展前景。

三等奖

（1）作品名称： 抗菌保健、吸湿凉爽罗布麻纤维竹节纱（一帘幽梦）

作品单位： 盐城工学院

作者姓名： 郑君、王陶然、吴晓敏

指导教师： 崔红、林洪芹、高大伟

创新点： 就目前而言，多种组分纤维混纺已经成为开发功能性纺织品的一种常见的途径。本设计通过在并条工序将罗布麻纤维，棉纤维，十字涤纶和三角涤纶进行混纺制成多组分的棉条，最终纺纱纺制成竹节纱。所纺纱线具有抗菌抑菌、亲肤保健、吸湿透气等功能，可直接应用于功能性纺织品的开发。该纱线采用色纺纱技术，四种纤维组份中棉纤维和罗布麻分别为暖色系红色和黄色，涤纶纤维均为白色，色彩的交替使用使得纱线外观色调亮丽、休闲、雅致、大方，又不失一种脱离世俗的感觉。罗布麻纤维的加入赋予产品高品质、高档感和高附加值。纺出的纱线色彩靓丽，织成织物后无需进行染色。生产成本低，具有很大的市场发展空间。

适用范围： 可广泛用于服装面料，特别是夏季服装面料。

市场前景： 罗布麻纤维是一种对人体健康十分有益的纺织原料，开发利用该纤维适应了现如今绿色环保纺织品流行的趋势。

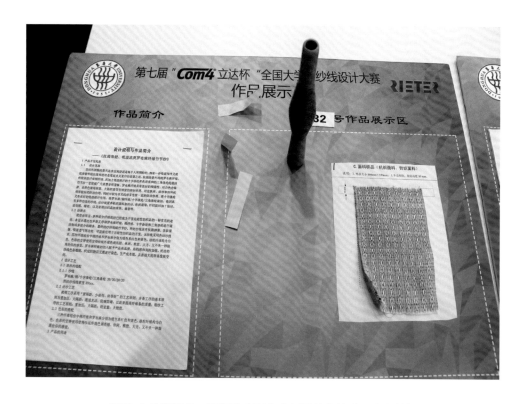

图 7-9 抗菌保健、吸湿凉爽罗布麻纤维竹节纱（一帘幽梦）

（2）**作品名称：**大麻／棉／舒弹纤维混纺纱

作者单位：东华大学

作者姓名：王涵、申元颖、高志娟、高正心、魏稼裕

指导教师：郁崇文

创新点：棉麻在日常生活中应用广泛，广受人们的青睐。棉柔软，吸湿性好，麻则吸湿和散湿性能都很优良，且大麻还有着比一般麻更强的抗菌性。但大麻和棉自身的抗皱性很差，而舒弹纤维有良好的弹性，与大麻、棉混合后可显著改善织物的抗皱性。因此，本设计采用三种纤维的混合，以期实现各纤维优势互补，使产品综合性能更优良。但由于舒弹纤维有弹性变形的特点，导致纺纱加工（尤其在梳理和牵伸时）困难。

适用范围：应用于需要吸湿、透气性好、抗菌、抗皱的服用家居纺织品。

市场前景：所得出比例的混纺纱将具有舒弹纤维、棉、麻的优点，舒弹纤维的弹性和舒适度可以弥补麻的弹性柔软性差有刺痒感的缺点，棉和麻的加入可以改善舒弹纤维可纺性差的缺点，麻可以增强舒弹纤维的挺括性、吸湿导湿性能。本产品兼有麻、棉和弹性纤维的优点，推广前景十分广阔。

（3）**作品名称：**竹浆薄荷羊毛波形纱（美人背）

作品单位：盐城工学院

作者姓名：杨美、钱淋娜、常冬梅

指导教师：崔红、林洪芹、张伟

创新点：所设计的纱线创意全是采用的环保的材质，而且还适合于南方和北方，没有地域限制，既可以在服装纹样图案上使用，还可以在装修中使用，并且也可用于家里的毛毯、窗帘、壁画、抱枕等方面，用途广泛。

适用范围：服装设计上的纹样图案设计，也可用于家居上的窗帘、壁饰，抱枕，地毯等。

市场前景：经久耐用，价格实惠，而且设计浪漫，很容易被大众所接受，可以创造出很好的商业利益。

（4）**作品名称：**远红外导电防辐射包芯纱

作者单位：天津工业大学

作者姓名：王左祺、周小萌

指导老师：周宝明、张淑洁

图 7-10 竹浆薄荷羊毛波形纱（美人背）

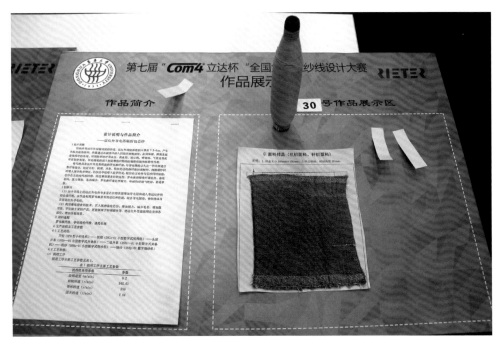

图 7-11 远红外导电防辐射包芯纱

（5）作品名称： Fe_3O_4-PU 磁性纳米纤维纱

作者单位： 嘉兴学院

作者姓名： 王怡婷、胡佳媛、汤美晶

指导教师： 詹建朝

创新点：

①本实验采用自制的静电纺水浴涡流成纱装置，可以较稳定地实现纳米纤维连续成纱；

② Fe_3O_4 – PU 磁性纳米纤维纱机械性能好、耐磨性好、耐洗性好；

③静电 Fe_3O_4 – PU 纳米纤维包覆 PLA 纱线技术。

主要用途： 现在的硬盘采用的是垂直磁记录方式，因而具有更大的磁容量。在采用不同的磁粒子制备的磁记忆材料，其中 Fe_3O_4 由于粒径尺寸均匀、晶体结构简单、耐氧化、矫顽力高、稳定性强等特性，是作为磁记录的理想材料之一。因此，Fe_3O_4 – PU 磁性纳米纤维纱，将会在磁储存方面有着良好的发展前景。

优秀奖

（1）作品名称： 多组分阻燃防护纱线的开发

作者单位： 东华大学

作者姓名： 任文静、左文静、杨亚楠

指导老师： 王新厚

创新点： 将芳纶 1313 和芳纶 1414 进行混合。为了加强纱线的阻燃效果，改善纱线质量，便于后续生产，添加了美安纶纤维。在满足阻燃要求的条件下，提高了纱线的强度，为阻燃防护纺织品的开发提供一种借鉴和可能性。

主要用途： 可用于织造高强度绳索，轮胎骨架材料，个体防护材料，橡胶工业、摩擦密封材料，工业地板、汽车制造、船艇建造，如船艇甲板和船身的夹心结构；可用于耐火、防火织物，主要用于石油化工、冶炼、防火隔热、消防、军队等领域，如防火阻燃服、消防服、防热手套、防切割手套、防刺手套，如交通工具中需具有防火安全性的织物，公共场所的窗帘、帷幔及其他织物，家庭防火毯，消防人员消防服装和军队服装，石油、化工、冶炼等行业用防护服。

（2）作品名称： 羊驼绒与超细羊毛混纺纱线的研发

作者单位： 太原理工大学

作者姓名： 赵素花、于璐、闫丹

指导老师： 刘月玲、王玉栋

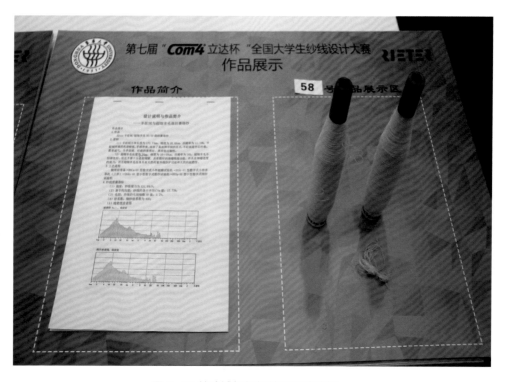

图 7-12 羊驼绒与超细羊毛混纺纱线

（3）作品名称： 复精梳亚麻落麻 / 羊绒落绒混纺纱

作者单位： 天津工业大学

作者姓名： 韩连合、韩世娇

指导老师： 张淑洁、周宝明、马崇启

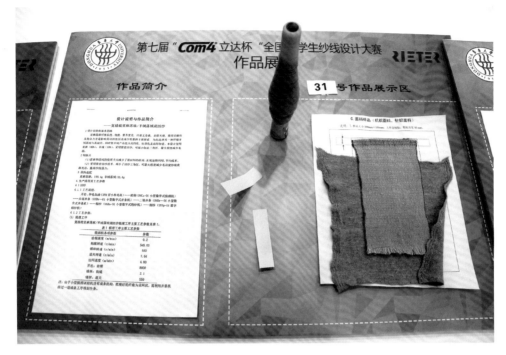

图 7-13 复精梳亚麻落麻 / 羊绒落绒混纺纱

5. 参赛体会

胡艳丽（指导教师，天津工业大学）

  纱线大赛是一个融学生专业知识、动手能力、企业视角为一体的专业创新大赛，这项大赛比的不仅是学生的理论知识、动手能力和专业水平，更考验学生对企业需求、企业眼光的综合判断、综合理解与综合运用，有助于适应企业需求、提高学生的综合素质。

  天津工业大学纺织工程专业在本科创新教学工作中，将行业赛事与实践课程有机结合，调整教学结构，在注重传授知识的同时，更注重学生市场响应、创新意识、创新能力的培养，以企业应用为宗旨、以创新为目的，加强校企互动，引导学生参加专业创新大赛，从而提高了学生的学习兴趣和积极性，提升了教学质量，达到"以赛促学、以赛促教、以赛促改、赛教融合"的目的。

  本次纱线设计大赛中，康乐等同学的参赛作品《兔绒纤维 / 柔丝蛋白纤维 / 黏胶纤维赛络紧密纺纱线》，就是指导老师结合 20 多年大型纺织企业技术与产品研发的丰富经验和心得，以与企业联合研发项目为依托，指导学生广泛进行市场调研并吸纳企业建议，以市场为导向，在纱线用途、原料选择、性能特征等方面综合考虑，响应企业、消费者、市场需求而设计的参赛项目，最终在大赛中得到评委的认可。该项目成果被合作企业进行产业化，开发出系列市场化产品，获得了较好的经济效益。

李乔（指导教师，东华大学）

  我有幸指导曾嘉梅等同学参加了本次全国大学生纱线设计大赛，并取得了好成绩。在此，感谢支持和帮助我们参加竞赛的领导、专家和老师。在指导学生参赛中，我看到了学生们一起分工合作，共同分析问题、独立思考问题、解决问题和综合应用能力的提升。同时，这次比赛不仅是对学生的一次锻炼和提高，也是对老师多日来教学的一个总结。我们虽然取得了一定成绩，但深感教育学生的责任重大。谨记在传授学生知识的同时，也要强化学生动手操作能力，并加强学生心理素养的训练，并鼓励更多的学生参与到诸如此类的大赛中。

康乐（一等奖获得者）

纱线设计大赛要求作品采用花式纱线和新型纺纱技术，通过设计纱线结构，调节纺纱工艺，最终以纱线、织物等形式呈现，要求作品具有一定功能性和美观性。全国大学生纱线设计大赛的经历，让我受益匪浅。

加深对专业的认知与热爱。在老师的指导下，首次独立完成纤维纺纱、织造全过程。从纤维预处理、开松、梳理、牵伸、并条、粗纱、赛络紧密纺细纱工艺、合股，到设计织物组织、穿结经、机织、针织。在这个过程中，亲自调试工艺参数设定：牵伸隔距、牵伸倍数、捻系数、锭速，了解到环境温湿度对纺纱工艺的影响。将课堂上学到的知识，运用到实践中，又巩固了知识，查缺补漏，加深知识的理解，增强对专业的热爱，是知行合一的宝贵经历。

开启科研世界的大门。以这次参赛为契机，在制得纱线、织物基础上，测定其力学及保暖等性能，发表了《兔绒与柔丝蛋白、黏胶纤维高支混纺面料的生产实践》论文，在本科阶段初涉科学研究领域。

提高跨学科学习能力。毕业后从事非织造材料研发工作，从传统纺织纺纱织造，跨界到全新的非织造领域。非织造短纤维布前期梳理过程，与纺纱过程中短纤维梳理成网工艺有异曲同工之妙。纺织的学习和纱线设计参赛经历，让我在非织造领域触类旁通，很快跨专业投入到研发工作当中。

培养发现问题，解决问题能力。对知识的渴望让我重返校园，继续深造。纱线设计过程让我学会依据性能需求，通过调节工艺，设计材料结构的研究方法。这是一种难能可贵的逆向思维，为研究生学习奠定扎实基础。

这段经历培养了我的实践动手能力，增强了对专业的认知和热爱，形成了逆向思维，培养了发现问题解决问题的能力，使我难忘且终生受益。

曾嘉梅（一等奖获得者）

我作为一名大三的学生，在李乔老师的指导下参加全国大学生纱线设计大赛。这段经历对我来说很宝贵。作为一名本科生，在同学们只忙于上课考试时，能走进实验室，熟悉实验操作并广泛阅读文献，实践自己的科研想法。现在我是一名研究生，再回首当时的作品可能略微简陋，但是参赛这个过程中我的动手能力得到提升、创新意识在我心中萌芽。当时是三人组成一个团队，从其他两位成员身上我学到很多东西，团队作战，我们之间的友谊亦是一笔珍贵的财富。

姚舒婷（一等奖获得者）

我是嘉兴学院材料与纺织工程学院纺织工程专业 2013 届毕业生，现在在一家外资企业工作，2016 年参加了第七届"全国大学生纱线设计大赛"，获得了一等奖，我的指导老师是杨恩龙老师。

时光荏苒，从参加比赛至今已有三年光景，虽然现在从事的工作与纺织有着千差万别的区别，但是那段准备参赛的时光中的收获却仍让我受益匪浅。从配色到纺纱到确定组织图，以及到最后的织造出成品，在杨恩龙老师的带领下，我们实现了从理论到实践的转变，过程是曲折的，成果是丰硕的。因为有身边一起参赛的小伙伴互相激烈，漫长的准备工作也变得不那么难过，我们开始享受沉浸在过程中的乐趣。虽然比赛结果是重要的，但是更重要的是，通过比赛使我们的专业知识更加稳固，也让我们收获了友谊。

我的参赛作品名为时光，意为人生不会畅通无阻亦不会荆棘满地，会有阳光也会有阴影，没有走不完的路没有过不去的坎，无论遇到什么艰难险阻我们要时刻相信阳光总在风雨后，深蓝与金色的搭配就如人生中的曲折与顺势，人生不会是一望无际的平原亦不会是走不完的崎岖山路，每当我们意气风发觉得自己无所畏惧时总有小挫折来告诉我们要居安思危，当我们在泥泞中举步维艰时也会有一根绳把我们拉出泥潭，一段段或长或短或蓝或金的色段如同人生中或阴暗或光明的时光。

永远铭记的纱线设计大赛

崔靖飞（一等奖获得者）：就职于青岛彩潍真纺织有限公青岛彩潍真纺织有限公司，现为公司业务部经理，负责新型纺织产品开发与市场推广

某天接到了老师的电话，说到全国大学生纱线设计大赛已经举办到第十届了，惊觉距离当年自己参加比赛已然过去了四年，真道是时光如箭，岁月如梭。我们三个当年参加第七届纱线设计大赛的同学即可电话进行了交流，尽管我们已经毕业走向了不同的岗位，但我们共同的感觉和体会是，纱线大赛使我们有了创新的理念，有了探索的精神，也学会了研究、开发的方法，对我们后面的学习、工作意义重大，我们会铭记那一段时光和经历，也感谢大赛给了我们这个平台，感谢老师的指导。

2016 年，我们参加了第七届"立达杯"纱线设计大赛，回想起来当时的日子有些感慨。我们小组成员在邢老师的指导下，确定了研究方向，结合我们学习的纺织基础理论（加捻三角区原理），在传统纱线的基础上提出了自己的创新思路，然后查阅相关文献资料，咨询各位老师和学长，写出设计方案，包括纱线的设计目的、创新思路、工艺流程、技术关键和主要技术指标等等。经反复修改推敲之后，在老师的帮助下联系相关厂家生产纱线，最终得到了"溢彩注射羽毛纱"，也有幸因为该纱线获得了一等奖。为充分展现纱线的性能我们还生产了织物，通过对纱线和织物进行性能评测，撰写实验报告，认真分析了该种纱线的优缺点和应用途径。虽然由于工厂生产和实验室条件存在一定的差距，所得的纱线性能没有完全达到预期的效果，但在整个设计和生产到最后分析评价的过程中，邢老师给予了我们耐心细致的指导，并引导、开拓我们的创新思路，使我们对自己的专业领域有了更加直观而深刻的了解。

学习纺织并非当年我们的第一志愿，对纺织还停留在"落后"的刻板印象之中，但是真正进入纺织领域之后，特别是参加大赛之后，我们才感受到纺织的魅力。尤其是当时比赛过后，主办方还安排了参赛人员去立达公司参观学习。立达是全球领先的短纤纺纱机械及部件供应商，拥有各种先进的纺纱机器，我们一行参观了环锭纺纱、转杯纺纱等相关机器，课本上的知识突然就化为了有形状态，原来在前辈的努力下，纺织行业已经飞速发展到了如此地步，甚至于已经走在课本前列，让我们对抽象的知识有了概念，为我们的纺织行业感到骄傲，自己作为一名纺织人感到无比自豪！

参加这次比赛真的是让我们受益匪浅，不只是因为获得了名次，而是通过这次比赛我接触到了同领域其他人的奇思妙想，感受到了我们团队的团结协作精神，学习到了先进的专业知识，开拓了自己的眼界，对我们之后的学习生活有着深厚影响，在此我们也衷心的祝愿全国大学生纱线设计大赛能够越办越好，让更多纺织人的优秀成果得以展现，让我们的纺织行业越来越强！

张涵（一等奖获得者）

我是中原工学院的张涵，真的很荣幸能和两位优秀的伙伴一起备赛，在实验过程中一起探索不同材质组合的可能性，对纱线开发流程和纺纱实用意义有了更清晰的理解，也发现了纱线创新的新目标不仅仅是由实用价值，也能兼具表达设计思想和个人理念的艺术价值。这次的作品"石中花"就是从这样的出发点来进行创作的，表现了生命在石缝之中也能热烈绽放，也是对自己的期望和要求，希望自己能坚忍不拔努力生长。我们能取得这样的成绩，离不开老师的指导和学院的支持，在此感谢指导老师及学院方面的培养与鼓励。最后希望有更多的同学们能够积极参与到比赛中来，不断学习，充实自己。

探索、创新、协作和努力

王进（一等奖获得者）：现为青岛大学纺织服装学院纺织工程学科硕士研究生

我们是2014级青岛大学纺织工程专业的学生，参加了第七届"立达杯"全国大学生纱线设计大赛，参赛作品是"大差异AB竹节纱"。参加这次大赛并获得一等奖，我们很高兴，也很激动。能获得这个成绩，真的极其不容易。获得第一名的成绩离不开邢老师的悉心指导与师哥师姐的帮助，让我们在低沉时有了前进的动力，经过这次比赛，我有了三个非常深刻的感受：每一份努力，都会得到他该得的回报；行动是成功之母，如果我们有好的想法与观念不去行动与实施，都是空想；我们要学会向不可能挑战。通过这次比赛，我对纺织工程这个并不是很感冒的专业有了更深的兴趣，这里面还有很多东西需要我们研究，不单单是纱线设计这一个方面，还有未来在它的应用与其他领域结合这一方面，都有很大的探索空间，这也更坚定了我们继续深造的决心，我们几个也都因此萌生了读研的想法，也希望在以后自己能够有更多的发现与成果，再创佳绩！

总之，参加大赛给我们最大的收获就是我们明白了一切成功都离不开探索、创新、协作和努力，这将是我们今后永远遵循的规则。

唐琪（二等奖获得者）

我是盐城工学院纺织与服装学院纺织工程专业2013级学生，现于东华大学攻读博士学位。2016年，我参加了第七届纱线设计大赛，作品《抗菌除臭、亲肤保健、吸湿透气桑皮纤维紧密段彩纱》荣获二等奖，主指导老师是崔红老师。

在此次的比赛中，虽然我取得了不错的成绩。但是，仍然发现自己在各个方面有所欠缺，赛事已过，当前最重要的莫过于从已过的赛事中汲取经验和启发，并且不断学习新的知识来提升自身能力，充实自己。纺织是一门传统学科，它涉及的知识面很广，所以我要学的还有很多，学海无涯，我这叶小舟要行的航程还有很远很远。只有不断学习，提升自身能力与实力才能让我走出一片更宽广的天地。

坚持到最后就是胜利，说的容易但做起来却不是那么回事，很多时候在最需要坚持时，我们往往忘记了这句话。生活最怕没有目标，做一件事如此，参加一个比赛亦如此。作品的成功离不开我们明确的目标和鉴定的信念以及不灭的斗志。

最后，很感谢指导老师和学校的支持，在我们遇到困难的时候，崔老师总是耐心地为我们解决。不管是从开始的材料选择，还是最后的参数设置，崔老师始终坚持授之以鱼不如授之以渔的指导方法，让我们真正掌握纺纱知识，灵活应用。同时，还需要感谢队友的支持和帮助，在我一筹莫展的时候为我排忧解难，在我疲惫不堪时，为我加油打气。

这次的比赛对我们的成长有很大的帮助，每次比赛，都为自己在阅历上增添了一笔。最重要的是在这次的比赛中认识了一群可爱的队友。通过这次比赛，我进一步提高了自身能力和加强了专业知识，充实自己，让自己更上一层楼，能够为学院、社会、国家贡献自己的力量。

苏玲（优秀奖获得者）

2016 年，我们有幸在叶静老师的带领下参加了第七届全国大学生纱线设计大赛，一步步完成了段彩纱的作品设计，实现了成品纺制。我作为中原工学院纺织学院的学生而感到骄傲，正是学校浓厚的产学研氛围、导师们孜孜不倦的指导和广阔的学术视野，带领我们站上了全国大学生纱线设计大赛这方专业而盛大的舞台。而在决赛评比的常州会场上，我们也受到了专家老师们亲切的鼓励并和来自全国的高校纺院学子切磋交流、碰撞出思想的火花，纱线世界多姿多彩、人才辈出，这也更让我坚定了做一名优秀的纺织工程师的梦想。在这里，我由衷的祝愿纺织理论与技术创新在一代又一代纺织人薪火相传、愿祖国的纺织服装教育及产业注入源源不断的活力、跻身世界纺织强国！

纱线设计大赛使我们进一步认识了纺织

金艳红（二等奖获得者）：现为东华大学纺织学院硕士研究生

我们是 2014 级纺织工程的金艳红、张恒宇、张懿杰，我们的纱线设计作品"竹节特征的色纺段彩纱"，有幸在第七届"立达杯"全国大学生纱线设计大赛中获得二等奖。

通过参加比赛，我们学到了许多平时在课堂上学不到和感受不到的东西。纱线设计是建立在我们纺纱学专业课基础上的，在准备过程中，我们不仅对常规的纺纱有了更加深刻的理解，同时了解到很多有关花式纱线的知识，激发了我对纺织工程专业的学习和研究兴趣，也更加坚定了我们考研进行纺织相关研究的决心。我非常庆幸大学期间有这样一段经历，不仅锻炼了我的创新和实践能力，也使我们确定了未来发展的方向。

我们收获的不仅仅是理论知识和技术，更有团队的团结协作。团队在合作中会遇到各种问题，而解决问题离不开有效沟通和真诚交流。每个成员都有自己的知识结构、经验阅历和个性特征，如何集思广益，需要每个人的努力。面对有争议的问题，少不了一番争论，然而就在我们思想的交锋下，才有可能产生智慧的火花。指导老师邢明杰老师和赵娜师姐也在比赛上为我们花了很多心思，对我们进行悉心的指导，为我们指明前进的方向，并且尽可能地为我们解决一切困难，在此，感谢老师们和同学们的努力与付出。

这次大赛取得了不错的成绩，不仅为学院增光添彩，同时也肯定了我们全体师生对这次大赛的付出，见证了我们的才能与潜力。对我们个人来说，这次大赛让我开拓了视野，对纺织工程专业有了更深层次的领悟，更重要的是，让我们对自己有了信心。

通过这次比赛，也让我们了解到自我的不足，同时也看到了团队成员及其他参赛选手的闪光点。在之后的学习和生活中，我们也会继续发扬优点，并努力弥补自我的不足，使自我更加完善、更具竞争力。

总之，参加纱线设计大赛，使我们学习了很多，包括创新的理念、探索的精神、专业的内涵等等，这一切使我们更加热爱纺织，愿为纺织贡献我们的才智，大赛让我们认识了纺织，让我们爱上了纺织。

（八）第八届全国大学生纱线设计大赛

1. 基本情况简介

主办单位：教育部高等学校纺织类专业教学指导委员会、中国纺织服装教育学会

承办单位：天津工业大学

协办单位：新疆应用职业技术学院

赞助单位：新疆奎屯 - 独山子经济技术开发区

大赛主题：创新从纱线开始

举办时间：2016 年 6 月—2016 年 12 月

举办地点：初审——天津工业大学

终评——新疆维吾尔族自治区奎屯市新疆职业技术学院

参赛情况：本次大赛共收到来自全国 22 所纺织院校的 269 份作品，经专家评审共有 80 份作品通过初审入围终评。大赛共评出一等奖 6 项、二等奖 12 项、三等奖 18 项。来自 5 所纺织高校的获奖学生代表做了报告，和大家分享了参赛经验及心得体会。

中国纱线网、央广网对赛事做了报道。

图 8-1 初评委员及现场

图 8-2 终评委员及现场

图 8-3 颁奖典礼

图 8-4 获奖代表汇报作品图 8-5 获奖学生接受采访

2. 评委会名单

表 8-1 初评组委会名单

姓名	工作单位
丁辛	教育部高等学校纺织类专业教学指导委员会主任，东华大学教授
倪阳生	中国纺织服装教育学会，会长
张尚勇	武汉纺织大学纺织学院院长
马洪才	德州学院副院长
孙月红	奎屯-独山子经济技术开发区人力资源和就业促进局
惠晶	新疆应用职业技术学院
李新荣	新疆阿克苏纺织工业城管委会副主任，天津工业大学机械学院副教授
刘丽妍	天津工业大学纺织学院教学副院长，副教授
王威	天津工业大学科技处副处长，教授
钱晓明	天津工业大学纺织学院副院长（主持工作），教授
胡艳丽	天津工业大学纺织学院副院长，教授高级工程师
马崇启	天津工业大学纺织学院纺织系主任，教授
王建坤	天津工业大学纺织学院，教授
高雨田	天津天纺投资控股有限公司总工程师
徐长安	天津天纺投资控股有限公司总工程师

表 8-2 终评组委会名单第一组

姓名	单位
郁崇文	东华大学纺织学院教授
裴军	天津工业大学纪委书记
加列力·努尔培易斯	新疆应用技术职业学院党委副书记，院长
王国平	奎屯-独山子经济技术开发区管委会主任助理
顾平	中国纺织机械协会副会长，高级工程师
杨晓东	新疆纺织行业办副主任
吕立斌	盐城工学院纺织服装学院副院长
马崇启	天津工业大学纺织学院纺织系主任
薛元	江南大学纺织服装学院教授
曾德军	新疆雅戈尔棉纺织有限公司高级经理
周远平	奎屯利泰丝路投资有限公司总经理

表 8-3 终评组委会名单第二组

姓名	单位
张尚勇	武汉纺织大学纺织科学与工程学院院长
倪阳生	中国纺织服装教育学会会长
郭建生	东华大学纺织学院副院长
李新荣	阿克苏纺织工业城管委会副主任
马洪才	德州学院纺织服装学院副院长
王建坤	天津工业大学纺织学院教授
张红梅	山东如意科技集团有限公司总工程师
李强	新疆华孚色纺集团有限公司总经理
胡革明	中航工业陕西华燕航空仪表有限公司智能控制部副部长
杨勇	新疆天虹基业纺织有限公司总经理

3. 获奖名单

表 8-4 第八届全国大学生纱线设计大赛获奖名单

奖项	校院名称	作品名称	作者姓名	指导老师
一等奖（6项）	天津工业大学	用于过滤增强基布的耐高温、阻燃圈圈纱	王瑞环、李羽佳、陈鹏坤	赵立环、周宝明
	天津工业大学	保健、舒适、抑菌包芯纱	郜攀峰、汪文超	周宝明、赵立环
	南通大学	棉秸秆纤维气流纺混纺产品开发	黄香玉、蒋长星、汪洁	董震
	天津工业大学	高支高比例废纺羊毛包芯纱	吉娟、郭浩	赵立环、周宝明
	嘉兴学院	守望——苍穹流云	楚晨	史晶晶、陈伟雄
	太原理工大学	载碳管PLA防辐射赛络菲尔纺纱线	王鹏、杜哲、常新宜	刘淑强、郭红霞
二等奖（12项）	嘉兴学院	亚麻/涤纶/蚕丝抗皱麻灰复合纱	李安乐、海碧霞、莫晓璇	敖利民
	西安工程大学	静电纺纳米纤维包覆纱	吴红、张庆、熊越	刘呈坤

	天津工业大学	防电磁辐射、防静电、抗菌紧密包芯段彩纱	庞莉娜、李文丽	周宝明、赵立环
	中原工学院	自滤式负离子纱线	柴敏迪	张迎晨
	天津工业大学	耐高温、阻燃、电磁屏蔽芳砜纶/不锈钢丝包缠纱	张晓慧	彭浩凯、赵立环、周宝明
	太原理工大学	羊驼绒/超细羊毛（50/50）/涤纶高弹丝赛络菲尔复合纱线的研发	闫丹、彭长鑫、韩宇	刘月玲、张永芳
二等奖（12项）	太原理工大学	羊驼绒/牦牛绒（30/70）/涤纶高弹丝三组分赛络菲尔天然零污染麻灰色纱线的研发	安浩博、闫丹、张亮儒	刘月玲、张永芳
	天津工业大学	超轻、保暖、高支、高比例兔毛混纺纱的开发	徐沈阳、高园园	张毅、赵立环、周宝明
	天津工业大学	阻燃、耐高温、夜光波形纱	熊思怡、刘猛、赵雨薇	赵立环、周宝明
	天津工业大学	基于差动毛细效应的高导湿包芯纱	田圣男、刘延松	赵立环、周宝明
	江南大学	转杯纺幻彩纱	巩浩晴	杨瑞华
	中原工学院	天丝A100/染色棉紧密纺段彩纱及缎纹织物	方周倩、代朝灿、安邦华	叶静
三等奖（18项）	天津工业大学	海藻纤维/竹纤维/黏胶混纺空芯纱	周伟、田生玉	赵立环、周宝明
	天津工业大学	牦牛绒/蓄热调温黏胶/导电纤维混纺弹力包芯纱	李羽佳、王瑞环、陈鹏坤	周宝明、赵立环
	江南大学	色彩飞扬—梦幻系列混色纱	马中懿	韩晨晨、卢雨正
	德州学院	精梳棉/岩盘玉/Modal双效发热功能性混纺赛络紧密纱	韩娇、丰伟曼	李梅
	嘉兴学院	"弹——非弹"双芯麻灰圈圈纱	莫晓璇、海碧霞、徐丽琼	敖利民
	天津工业大学	高支亚麻/玉米纤维混纺包芯纱	郭浩、刘猛、陈恩李	赵立环、周宝明

三等奖 （18项）	德州学院	铜改性聚酯纤维/黏胶/铜氨纤维/莫代尔抗菌环保赛络紧密纱	赵梓杰、肖梦苑、谢天然	张伟、曲铭海
	武汉纺织大学	高支高光洁苎麻纱及其产品开发	宋莹、李瑞雪	夏治刚
	盐城工学院	抑菌透湿罗布麻色纺竹节纱	陈志远、顾佳、冯凯	郭岭岭、林洪芹、崔红
	武汉纺织大学	一种可回用的无捻纱	张栋伟、喻方锦	张尚勇
	天津工业大学	负离子/阻燃涤纶/竹代尔/黏胶纤维紧密纺竹节纱	牛孝庆、陆恒力	周宝明、赵立环
	浙江理工大学	竹原纤维/多纤复合闪光结子纱	韩红波、于月琳、林小波	李艳清、赵连英
	盐城工学院	吸湿排汗、透气、抗菌棉十字涤纶草珊瑚黏胶纤维混纺赛络紧密纺纱线	刘晨、郑洁、吴婷婷	崔红、高大伟、林洪芹
	太原理工大学	阻燃抗静电包芯纱的设计与开发	阮英鹏、张海珍、殷轩	郭红霞、刘淑强
	盐城工学院	聚酰亚胺纤维纯纺纱（仰望）	常冬梅、钱淋娜、杨美	崔红、林洪芹、高大伟
	嘉兴学院	传承双绝"夏布&丝绸"	海碧霞、莫晓璇、李安乐	敖利民
	天津工业大学	蓄热调温、抗菌、亲肤赛络段彩纱	温晓丹、江薇	周宝明、赵立环
	嘉兴学院	多色嵌入式段彩纱——花季	施婷婷	杨恩龙、陈伟雄
优秀奖 （44项）	南通大学杏林学院	环保型PI/PET 混纺色纱及其多功能面料的开发	林志坤、张雪艳、范慔芳	丁志荣、刘其霞
	天津工业大学	清凉提神、轻薄透气、抑菌、抗紫外段彩纱	庞莉娜、李文丽	赵立环、周宝明
	盐城工学院	吸湿透气、阻燃隔热色纺转杯纱	曾权堂、赵志弘、杨兵	崔红、林洪芹、高大伟

优秀奖 （44项）	南通大学 杏林学院	废牛皮纤维/涤纶/ES纤维混纺纱线 及其制品	叶希文、庄莉莉、 纪月	余进、严雪峰
	天津工业 大学	抗菌抑菌绿色可降解活性纱线 的开发	张苗苗、黄惠怡	周宝明、赵立环
	天津工业 大学	保暖、亲肤弹力圈圈纱	刘猛、陈恩李、 郭浩	赵立环、周宝明
	辽东学院	芳纶不锈钢包芯纱	王天聪、梁琦、 杨康丽	张志丹、韩贤国、 张明光
	盐城工学院	亲肤透气保健抗菌薄荷芦荟 混纺紧密纱	周子滢、曹晶晶、 乔巍	崔红、林洪芹、 高大伟
	天津工业 大学	清凉舒适、抗菌竹节段彩纱	范开鑫、孙亚博、 张宇飞	赵立环、周宝明
	天津工业 大学	驼绒/黏胶纤维/阻燃涤纶混纺 空芯纱	田生玉、周伟	周宝明、赵立环
	天津工业 大学	抗菌、亲肤、保健、蓄热调温 多功能纱	李文丽、庞莉娜	赵立环、周宝明
	盐城工学院	吸湿排汗冰爽氨纶包芯弹力纱	曹晶晶、周子滢、 乔巍	崔红、郭岭岭、 张伟
	江南大学	红色光夜光纱线设计	何真真、乐学宾、 梁付巍	朱亚楠、葛明桥
	河南工程 学院	彩点纱	王桂芳、何劲、 刘梦怡	王秋霞、陈理、 韩振中
	盐城工学院	具有会呼吸亲肤悬垂透气透湿的 天丝/铜氨混纺纱	杨文洁、韩芝莉、 王晓凤	吕立斌、林洪芹、 崔红
	新疆大学	具有防紫外线抗菌吸附功能的 氨纶包芯纱	高艳霞、宋开梅	肖远淑、刘娴
	天津工业 大学	三涤纶（云母、多孔、玉石）/ 竹代尔/氨纶包芯包缠纱	邵奎山、胡正喜	赵立环、周宝明
	天津工业 大学	柔软、保暖、抗菌双色圈圈纱	秦愈、吴小青	赵立环、周宝明
	江南大学	仲夏夜之梦——双色交并纱及其 色织产品的开发	郭新月	徐阳

	江南大学	聚酰亚胺纱线设计	高月欣、高思晴、秦晓雨	朱亚楠、葛明桥
	德州学院	调温纤维/木棉/天丝纤维混纺空调光洁纱	杨泽昆、刘红瑶、杜永涛	姜晓巍
	德州学院	涤纶/棉/黏胶/针织竹节雪花纱	王韶若、李爱红、解希娜	叶守岌
	德州学院	远红外海藻纤维抗菌功能医用纱	王双双、杜秋萍、杨艳明	张会青
	德州学院	精梳棉/天然薄荷纤维混纺赛络紧密纱	韩明超、程壮、石帅帅	高志强
	德州学院	节水减排麻赛尔/paster纤维/丝光羊毛精纺麻灰纱	王双双、曲宁、韩瑞娟	张会青
	盐城工学院	抗菌、远红外多组分段彩纱	郑洁、陈虹、蒋文雯	崔红、林洪芹、郭岭岭
优秀奖（44项）	盐城工学院	亲肤保健速干负离子转杯纱(紫罗兰)	黄奕奕、季林莉	崔红、林洪芹、高大伟
	德州学院	麦饭石/十字型涤纶/黏胶抗菌保健功能混纺赛络针织纱	陈正阳、闫雪、韩明超	高志强
	盐城工学院	冰爽涤纶/竹浆/草珊瑚纤维混纺竹节纱	姚明远、牛茂森、赵志弘	崔红、林洪芹、郭岭岭
	盐城工学院	抗菌消臭凉爽透气白竹炭涤纶芦荟薄荷纤维棉混纺转杯纱	季默涵、张振渊	崔红、林洪芹、高大伟
	湖南工程学院	毛圈纱——五彩梦	张紫柔、王回香、周枫枫	刘常威、周锦涛、刘超
	东华大学	多组分阻燃防护纱线的开发	任文静、左文静、杨亚楠	王新厚
	中原工学院	数字化合股段彩纱	张琦、孔唯一	郑瑾
	盐城工学院	轻装防护、亲肤透气赛络紧密混纺纱	吴晓敏、王陶然、赵志弘	崔红、张伟、吕立斌
	盐城工学院	草珊瑚纤维/聚酰亚胺/羊毛色纺纱	陈慧萍、张婉、李杰	林洪芹、崔红、郭岭岭

优秀奖 （44项）	德州学院	棉/草珊瑚纤维/羊绒抗菌保暖纱	王双双、杨艳明、曲宁	张会青
	天津工业大学	绿色环保、舒适保健的赛络弹力包芯纱	陈鹏坤、王瑞环	周宝明、赵立环
	嘉兴学院	秋水共长天一色	莫鸿妃	易洪雷
	辽东学院	汉麻高支纱的生产	郭潇涵、张梦园、韩若雨	曹继鹏、于吉成、张明光
	上海工程大学	聚砜酰胺基阻燃防护纳米纱线的设计与开发	金薇薇、马雨婷、钟雯婷	辛斌杰、许颖琦、陈卓明、孟娜
	青岛大学	植物染可降解色纱	刘璐	赵明良、赵学玉
	安徽工程大学	春风十里	梅德强、徐文浩、李银平	孙妍妍、储长流
	河北科技大学	特种防电弧纱线	史学文	才英杰
	大连工业大学	汉麻及其花式纱线的开发	陈娇、杨迪、钟强	魏春艳、王迎

表 8-5 优秀指导教师获奖名单

校院名称	指导教师姓名
德州学院	叶守岌 、 高志强 、 张伟
盐城工学院	林洪芹 、 崔红、 高大伟 、 郭岭岭 、 张伟 、 吕立斌
天津工业大学	赵立环 、 周宝明
南通大学	董震
嘉兴学院	史晶晶 、 陈伟雄
太原理工大学	刘淑强 、 郭红霞

表 8-6 最佳组织单位获奖名单

奖项	院校
最佳组织奖	天津工业大学
	盐城工学院
	德州学院
	新疆应用职业技术学院

4. 部分获奖作品介绍

一等奖

（1）**作品名称：** 用于过滤增强基布的耐高温、阻燃圈圈纱

作者单位： 天津工业大学

作者姓名： 王瑞环、李羽佳、陈鹏坤

指导教师： 赵立环、周宝明

专家点评： 环境污染的防治问题事关人类的健康和生存，一直是人们关心和科学研究的热点课题。近年来，我国北方的雾霾，特别是涉及雾霾形成的 PM10 乃至 PM2.5，越来越引起人们的关注。大气污染源主要来自燃煤、机动车燃油、工业用燃料等燃烧过程。耐高温滤料可以广泛应用于火电、钢铁、石化等重点行业的除尘过滤。该作品采用芳纶1313、聚酰亚胺和聚苯硫醚三种高性能纤维混纺，制备圈圈纱，织造网状机织物用作非织造布增强基布，突破了传统思路中圈圈纱只能用作装饰、服用面料的思维定势，充分利用了圈圈纱的结构特点，将圈圈纱织造机制网状面料，用于针刺非织造布的增强基布，圈圈结构在针刺过程产生位移，增大了基布与纤维网的剥离强度。具有一定的创新性。

不足之处是没有比较普通纱网状机织物与圈圈纱网状机织物对应非织造布剥离强度对比。

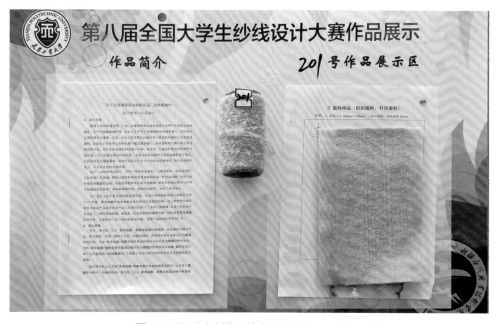

图 8-6 用于过滤增强基布的耐高温、阻燃圈圈纱

（2）**作品名称：**保健、舒适、抑菌包芯纱

作者单位：天津工业大学

作者姓名：郜攀峰、汪文超

指导教师：周宝明、赵立环

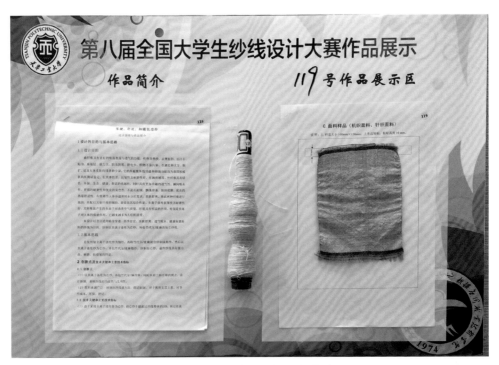

图8-7 保健、舒适、抑菌包芯纱

（3）**作品名称：**棉秸秆纤维气流纺混纺产品开发

作者单位：南通大学

作者姓名：黄香玉、蒋长星、汪洁

指导教师：董震

专家点评：作品涵盖了棉秆纤维提取、纺纱、针织面料开发及染色过程中的研究成果。木质素含量高及粗硬的特点决定了棉秆纤维在传统棉纺设备上进行加工的难度较大，这也是限制棉秆纤维产业化应用的关键。成果从纤维提取和纺织加工工艺两个角度改善棉秆纤维的加工和应用性能，开发了棉/棉秆纤维混纺纱、针织面料及服装，首次实现了棉秆纤维产品开发的前后贯通，使棉秆纤维的产业化前景更加清晰。

作品中生产的棉秆纤维/棉混纺产品（纤维、纱线和面料）具有较好的力学性能、风格和色泽。作品中涉及的加工处理方法来源于生产实践，加工工艺切实可行，因而对于棉秆纤维的产业化应用具有良好的参考价值。

棉秆皮纤维的纱线及面料产品开发可以增加纺织原料的供应及棉花种植者的收入，缓解目前秸秆焚烧引起的环境问题，具有良好的产业化前景。

图 8-8 棉秸秆纤维气流纺混纺产品开发

（4）作品名称：高支高比例废纺羊毛包芯纱

作者单位：天津工业大学

作者姓名：吉娟、郭浩

指导教师：赵立环、周宝明

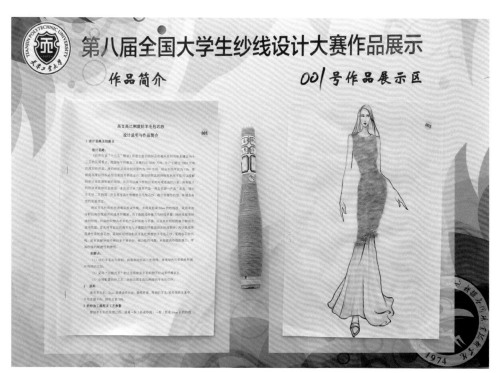

图 8-9 高支高比例废纺羊毛包芯纱

（5）作品名称： 守望——苍穹流云

作者单位： 嘉兴学院

作者姓名： 楚晨

指导教师： 史晶晶、陈伟雄

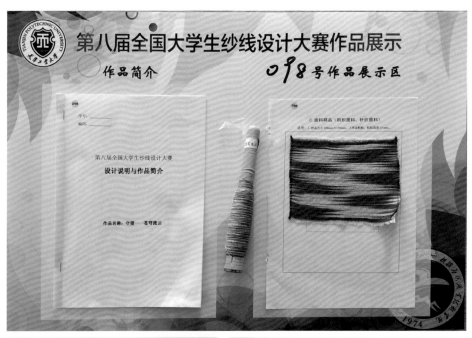

图 8-10 守望——苍穹流云

（6）作品名称： 载碳管 PLA 防辐射赛络菲尔纺纱线

作者单位： 太原理工大学

作者姓名： 王鹏、杜哲、常新宜

指导教师： 刘淑强、郭红霞

专家点评： 该作品致力于解决目前因电子产品大量增加而带来的电磁辐射问题，具有良好的实际意义，同时本产品将纳米碳材料碳纳米管与绿色可降解的聚乳酸高分子相结合，同时采用赛罗菲尔纺的纺纱办法制备复合纱线，实现了材料学科与纺织学科的有机结合，既发挥了材料学中纳米材料的优异特性又充分体现了纺织加工技术的独特手段，最终得到的纱线既具有功能性又同时考虑到了舒适性和环保性，因此该作品不仅具有科学价值也具有一定的实际应用价值，是一个不错的作品。

图 8-11 载碳管 PLA 防辐射赛洛菲尔纺纱线

二等奖

（1）**作品名称：** 亚麻 / 涤纶 / 蚕丝抗皱麻灰复合纱

作者单位： 嘉兴学院

作者姓名： 李安乐、海碧霞、莫晓璇

指导教师： 敖利民

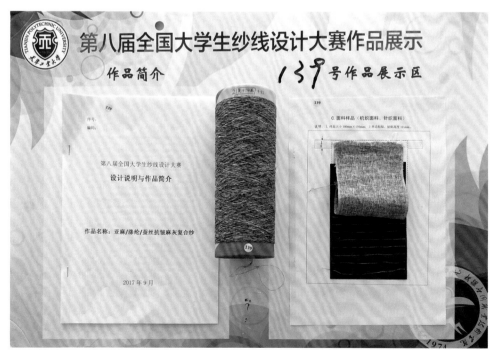

图 8-12 亚麻 / 涤纶 / 蚕丝抗皱麻灰复合纱

（2）**作品名称：** 静电纺纳米纤维包覆纱

作者单位： 西安工程大学

作者姓名： 吴红、张庆、熊越

指导教师： 刘呈坤

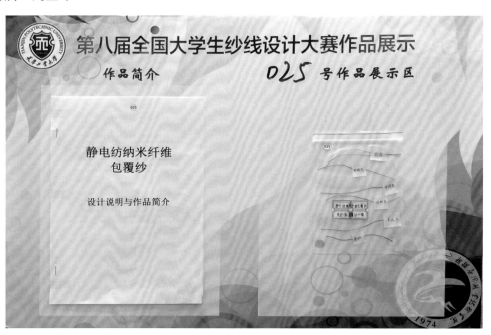

图 8-13 静电纺纳米纤维包覆纱

（3）**作品名称：** 防电磁辐射、防静电、抗菌紧密包芯段彩纱

作者单位： 天津工业大学

作者姓名： 庞莉娜、李文丽

指导教师： 周宝明、赵立环

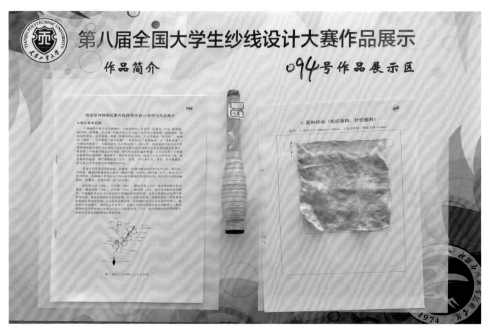

图 8-14 防电磁辐射、防静电、抗菌紧密包芯段彩纱

三等奖

（1）**作品名称：** 精梳棉 / 岩盘玉 /Modal 双效发热功能性混纺赛络紧密纱

作者单位： 德州学院

作者姓名： 韩娇、丰伟曼

指导教师： 李梅

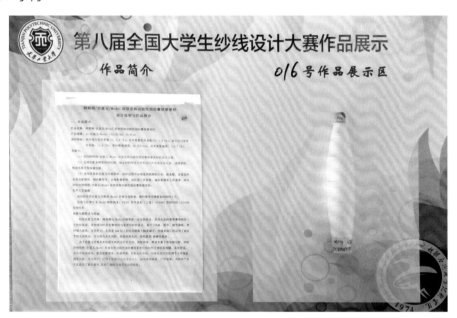

图 8-15 精梳棉 / 岩盘玉 /Modal 双效发热功能性混纺赛络紧密纱

（2）**作品名称：** 负离子 / 阻燃涤纶 / 竹代尔 / 黏胶纤维紧密纺竹节纱

作者单位： 天津工业大学

作者姓名： 牛孝庆、陆恒力

指导教师： 周宝明、赵立环

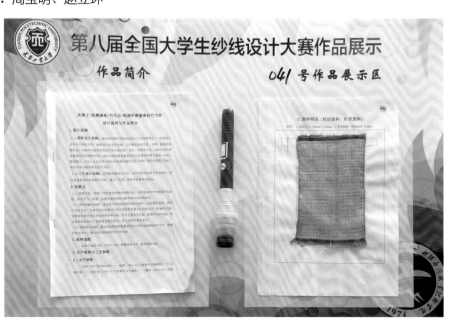

图 8-16 负离子 / 阻燃涤纶 / 竹代尔 / 黏胶纤维紧密纺竹节纱

（3）**作品名称：**蓄热调温、抗菌、亲肤赛络段彩纱

作者单位：天津工业大学

作者姓名：温晓丹、江薇

指导教师：周宝明、赵立环

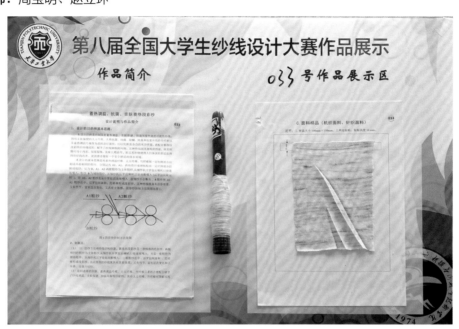

图 8-17 蓄热调温、抗菌、亲肤赛络段彩纱

优秀奖

（1）**作品名称：**清凉提神、轻薄透气、抑菌、抗紫外段彩纱

作者单位：天津工业大学

作者姓名：庞莉娜、李文丽

指导教师：赵立环、周宝明

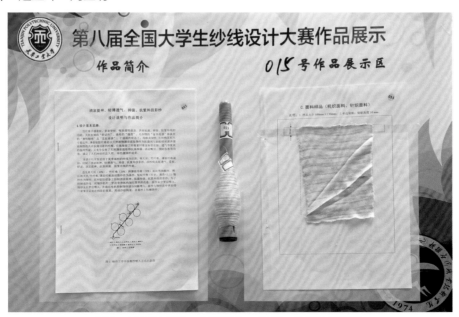

图 8-18 清凉提神、轻薄透气、抑菌、抗紫外段彩纱

（2）**作品名称：** 柔软、保暖、抗菌双色圈圈纱

作者单位： 天津工业大学

作者姓名： 秦愈、吴小青

指导教师： 赵立环、周宝明

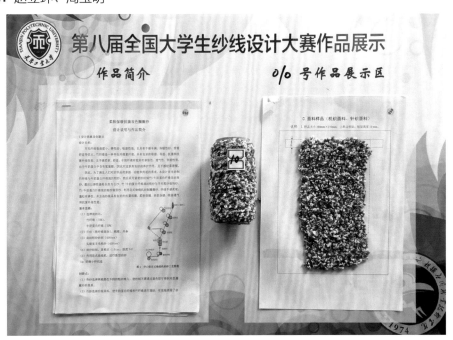

图 8-19 柔软、保暖、抗菌双色圈圈纱

（3）**作品名称：** 亲肤保健速干负离子转杯纱（紫罗兰）

作者单位： 盐城工学院

作者姓名： 黄奕奕、季林莉

指导教师： 崔红、林洪芹、高大伟

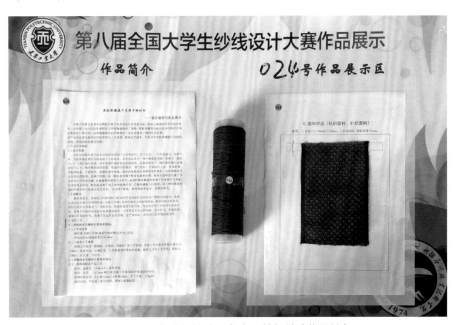

图 8-20 亲肤保健速干负离子转杯纱（紫罗兰）

5. 参赛体会

王瑞环（一等奖获得者）

很荣幸能参与纱线设计大赛。本科时期参加纱线设计大赛的情景依然历历在目。我们设计了一种耐高温阻燃性圈圈纱，挑选聚苯硫醚、聚酰亚胺和维纶纤维为材料，然后使用花式捻线机纺制纱线，将织物与无纺布结合增强无纺布的强力，应用于高温过滤领域。我们在老师的细心指导和严格要求下，进行了一次又一次的尝试，经历了很多次失败，也曾差一点想要放弃，好在我们最终坚持下来，并确定了最优参数。但皇天不负有心人，当最终的成品出现在大家面前时，所有的付出和努力都是值得的，大家的鼓励与肯定让我感到无比欣慰与振奋。

现在虽然已经工作，也许纱线设计大赛的成绩早已随风消逝，但那段紧张而充实的时光，温暖而又挣扎的记忆，那些为梦想而努力的日子，已成为我们人生路上的宝贵财富。玉经磨多成器，剑拔沉埋便倚天，一定要相信坚持和努力的力量，广阔天地定大有作为！

最后祝大学生纱线设计大赛越办越好，十周年快乐！

楚晨（一等奖获得者）

我是嘉兴学院纺织工程专业 2014 级的学生，于 2017 年参加"第八届全国大学生纱线设计大赛"，荣获一等奖，指导老师为史晶晶老师、陈伟雄老师。2018 年毕业后一直从事纺织品检测工作。

对于能够参加全国第八届纱线设计大赛并且荣获一等奖，我感到非常激动且荣幸。我要感谢两位指导老师对我的帮助和指导，以及在比赛准备过程中的培训督促及支持鼓励；还有感谢一同参赛的同学，我们既是同伴，又是对手，我们在实验室奋斗，互相鼓励，全力以赴，在失败中一次次重来，直至成功。第八届纱线设计大赛虽然已经结束很久，过去的成绩和荣誉也已经成为过去，但是从中我收获到了很多，明白通过动手实验才能更好地将知识理解，理论与实践的结合至关重要。在毕业后的工作里更是懂得一份耕耘一份收获，多学多做，才能看到自己的差距，找到努力的方向，提升个人技能以此实现个人价值。也许，我们的工作路途荆棘丛生，就像当初在纺纱机前不断失败的纱线，但是，只要我们以超越常人的意志坚持再坚持，便可收获成功的果实。

最后再一次感谢在纱线大赛的主办和协办单位对比赛的重视和大力支持，为选手提供了一个展示个人的平台，希望今后的比赛越来越好，能够有更多的同学参与其中，发现和培养更多在纺织科技上有作为、有潜力的优秀人才。

方周倩（二等奖获得者）

距离参加"第八届全国大学生纱线设计大赛"已近三年的时间了，虽然时间过了很久，但大赛给我带来的收获却是受益终身的。首先它帮助我深入的学习和巩固了专业知识，让我对纺织行业有了更进一步的了解。当然更重要的是，经历大赛的整个流程，我的各方面能力都得到了提升，从大赛最初的准备阶段，我的动手实践能力和查阅文献能力都不断提高，到之后去新疆参加颁奖典礼、做总结汇报及最后作为学生代表被当地媒体采访，我的沟通、表达能力都得到了锻炼。很幸运，通过这次比赛，我遇到了许多优秀的老师和同学，了解到我的指导老师——叶静老师的精益求精、科学严谨的科研态度，让我深刻的明白了自己还有很多的不足，我要不断向优秀的人看齐，争取早日与他们为伍。因此，毕业后我选择了考研来进一步提升自己。时隔三年，虽然对当时参加比赛时的专业知识已经记忆模糊了，但是大赛给我带来的自信感和拼搏感却是记忆犹新的。最后感谢纱线大赛的举办，让我有了这次锻炼自己的机会，同时预祝大赛可以长久举办，让更多纺织学子参与其中、从中获益。

（九）第九届全国大学生纱线设计大赛

1. 基本情况简介

全国大学生纱线设计大赛是由中国纺织服装教育学会和教育部高等学校纺织类专业教学指导委员会联合主办的面向国内纺织服装设计院校的专业赛事。本次大赛由西安工程大学承办，以"小纱线大创新"为主题，旨在传承、发展和开创纱线及织物产品的原创性、时尚性与功能性，引导并激发高校学生的专业学习和研究兴趣，培养学生创新精神和实践能力，发现和培养一批在纺织科技上有作为、有潜力的优秀人才。

2018年11月17日上午，大赛终评预备会在西安工程大学金花校区第三会议室举行，校党委书记刘江南、中国纺织服装教育学会会长倪阳生以及来自纺织高校、企业的专家评委参加会议，纺织科学与工程学院副院长刘呈坤主持会议。首先，倪阳生会长代表行业学会讲话，对西安工程大学积极承办本届赛事表示感谢，并简要介绍了中国纺织服装教育学会近年来在学科竞赛方面所做工作，希望大家利用好这次展示与合作机会，进一步加强纺织类高校和企业间的交流学习，不断提升纺织类人才培养质量，推进我国纺织行业科学发展。随后，刘江南书记代表学校致欢迎辞，对行业协会和兄弟院校一直以来给予学校的关心支持表示感谢，学校将全力做好本次大赛的各项管理协调服务工作，为大赛顺利进行做好各项保障。刘江南书记指出全国大学生纱线设计大赛是激发纺织类高校学生学习、研究兴趣，培养创新精神和实践能力的很好平台和途径，希望各位领导和专家对学校尤其纺织学科发展多提宝贵意见。最后，西安工程大学纺织科学与工程学院执行院长孙润军就初评情况和终评方案向与会专家进行了介绍。

为与其他赛事的奖项相一致，自本次起，纱线大赛原来的一等、二等、三等和优胜奖分别对应改为特等、一等、二等和三等奖。

图 9-1 初评会议部分专家讨论

图 9-2 终评专家讨论学生作品

图 9-3 西安工程大学副校长殷永健宣读获奖名单

图 9-4 颁奖现场及部分师生合影

2. 评委会名单

（1）第九届全国大学生纱线设计大赛初评评委会名单：

表 9-1 全国大学生纱线设计大赛初评评委会名单

姓名	职务
纪晓峰	中国纺织服装教育学会秘书长
徐广标	东华大学纺织学院副院长、教授
任家智	中原工学院纺织学院教授
王建坤	天津工业大学纺织学院教授
薛元	江南大学纺织服装学院教授
敖利民	嘉兴学院材纺学院教授
张梅	德州学院纺织服装学院教授
畅姣	西安咸阳纺织集团有限公司副总经理
刘利侠	宝鸡九州纺织有限责任公司总经理
万明	西安工程大学教务处处长、教授
孙润军	西安工程大学纺织科学与工程学院执行院长、教授
王进美	西安工程大学纺织科学与工程学院副院长、教授
谢光银	西安工程大学纺织科学与工程学院教授
李龙	西安工程大学纺织科学与工程学院教授

（2）第九届全国大学生纱线设计大赛终评评委会名单：

校党委书记刘江南、中国纺织服装教育学会会长倪阳生、教育部纺织类专业教学指导委员会主任郁崇文，以及来自纺织高校、企业的专家评委等。

3. 获奖名单

表 9-2 全国大学生纱线设计大赛获奖名单

奖项	学校	作品名称	作者姓名	指导教师
特等奖 （6项）	青岛大学	来自于"过去"的新型纱线	王婷、欧阳兆锋、万欣	姜展、邢明杰
	江南大学	健康生态三组分高比例罗布麻混纺纱	王子媚、何金津、赵士云	苏旭中、谢春萍

特等奖 （6项）	东华大学	抗皱、柔软的紧密纺生物基 锦纶/苎麻生态混纺纱设计	李豪、王子懿、 石毅	郁崇文
	嘉兴学院	多色嵌入式段彩纱 ——四季更迭	金晓岚、桑婧婧、 曹竹燕	史晶晶、陈伟雄
	盐城工学院	负离子抗菌消炎嵌入式 复合纱	石康、李东恒、 张成	崔红、高大伟、 林洪芹
	嘉兴学院	三芯四色段彩长丝包缠纱	刘娜、袁秀文、 刘晨芳	敖利民
一等奖 （12项）	天津工业 大学	透气、透湿、抑菌可降解 医用紧密包缠纱	徐沈阳、杨旭斌、 刘承虎	赵立环、周宝明
	天津工业 大学	高强阻燃、抗菌除臭、 防紫外圈圈纱	赵雨薇、申素贞、 张熠鹏	周宝明、赵立环
	德州学院	生态抗菌除螨牛角瓜纤维/ 蚕蛹蛋白/Aircell多功能 混纺针织纱	马勇、于丹、 刘翠翠	王静
	西安工程 大学	比翼双飞	曹莹、王青春、 苏婷	任学勤
	西安工程 大学	四色炫彩针织纱	魏梦辰、李蒙、 解璐遥	宋红、张弦、 吴磊
	江南大学	辉夜物语——夜光抗静电交并纱	张泉、徐文博、 杨佳佳	傅佳佳、王文聪、 孙洁
	天津工业 大学	用于农业基布防虫固沙净土 的包芯纱	刘梦瑶	周宝明、赵立环
	西安工程 大学	清爽透气、抑菌除臭、 夜光包芯纱	邱畅、张越	张弦、宋红、 吴磊
	嘉兴学院	"双芯-单包"包缠复合 段彩纱	冯辉、陈肖依、 林艳冰	敖利民
	西安工程 大学	"青花瓷"段彩纱	陈浩、韦邦祚、 魏梦辰	宋红、张弦、 吴磊
	天津工业 大学	易洗快干、导湿透气、 抑菌紧密纺包芯纱	方莹、赵雨薇、 刘瑞娟	赵立环、周宝明
	西安工程 大学	"滚滚沙涛"——天然彩棉/ 薄荷/天丝竹节纱	康俊宝、聂宁贵、 陈春娇	吴磊、宋红、 张弦、陈莉

二等奖 （18项）	嘉兴学院	变电阻纱	周柯妤、向国富、 蒋连意	曹建达、张焕侠
	天津工业 大学	导电耐高温阻燃电磁屏蔽 包缠纱	何奇、王浩	彭浩凯、周宝明、 赵立环
	西安工程 大学	智能调温石墨烯复合功能 纱线开发与性能	向雨、王超	王进美
	西安工程 大学	"一湖清水映蓝天" ——天丝/薄荷/玉石凉感包缠纱	康俊宝、聂宁贵、 陈春娇	吴磊、宋红、 陈莉、张弦
	嘉兴学院	桑蚕丝/棉长短纤赛络纺纱线 ——竹音	曹竹燕、桑婧婧、 李梦真	史晶晶、陈伟雄
	德州学院	一种仿兔毛纱线的设计开发	吴传芬、赵文婧、 石孟鹭	张伟、李梅
	嘉兴学院	PANI/PU/PAN复合纳米纤维纱	胡佳昊、戴姗姗	詹建朝
	嘉兴学院	锦纶/羊绒弹力圈圈纱	黄金梅、林艳冰、 张傅玥	敖利民
	天津工业 大学	保健、舒适、环保型包芯纱	侯大伟、钟璠	周宝明、赵立环
	盐城工学院	吸湿排汗、阻燃抗菌聚酰亚胺 纤维混纺纱	赵银银、耿炜、 李东恒	崔红、吕立斌、 张伟
	天津工业 大学	智能调温冬夏两用舒爽、抑菌、 抗辐射两用席用纱	王楠、邹明君、 张敏敏	周宝明、赵立环
	盐城工学院	珍珠纤维混纺灰色结子纱	李露红、金陈、 刘晓玉	郭岭岭、崔红、 王春霞
	盐城工学院	天然抗菌保暖耐高温混纺 紧密纱	莫年格、李东恒、 杜天铖	林洪芹、崔红、 吕立斌
	天津工业 大学	棉/负离子纤维/蓄热调温纤维 混纺紧密包芯纱	刘丹阳、王天琪	赵立环、周宝明
	太原理工 大学	羊驼绒/牦牛绒（70/30）/ 腈纶长丝三组分环保 浅麻灰包芯纱	周春柔、张亮儒、 张开源	刘月玲、张永芳、 赵万荣、王玉栋、 张志毅
	武汉纺织 大学	碳纳米管载体式复合纱线	孟雨辰、王昕、 汤敏	夏治刚

二等奖 （18项）	西安工程 大学	淡淡棕香——棕色彩棉/ 抗菌蜂窝涤纶竹节纱	唐驰、张露、 刘明	陈莉
	西安工程 大学	奔梦路上，霞光满天	曹莹、王青春、 马文钊	任学勤
三等奖 （48项）	中原工学院	多组分纤维错位纺双芯包芯 段彩纱及其表里换层织物	安邦华、贾鹏飞、 赵文浩	叶静
	中原工学院	Tencel A100/有色黏胶紧密 赛络纺双丝段彩包芯纱及 蜂巢织物	安邦华、贾鹏飞、 卢剑	叶静
	嘉兴学院	细纱机前区分段的段彩纱 ——年灯初上	陈斯启、桑婧婧、 王莉	杨恩龙、陈伟雄
	德州学院	Tencel/亚麻长段染混纺纱	任恩泽、卢岩、 叶玉清	王秀燕
	德州学院	海藻纤维/阻燃腈纶/芳纶 舒适性阻燃紧密赛络纱	郑茂荣、陈凯旭、 孟硕	张梅
	东华大学	双分梳转杯色纺纱	张新添、李毅伟、 杨洁	汪军、张玉泽
	德州学院	石墨烯黏胶/奥普蒂姆羊毛/ 绢丝多功能环保纱开发	王平、高培、 王世星	张伟、李梅
	河南工程 学院	子春结	管梦昕、雷统、 贺莹莹	陈理、王秋霞、 韩振中
	嘉兴学院	等段密度段彩纱——尽头	李梦真、陈斯启、 曹竹燕	杨恩龙、陈伟雄
	西安工程 大学	黑白相间	周喆、何锋、 刘琦	高婵娟
	中原工学院	多组分纤维紧密错位纺 段彩纱及芦席斜纹织物	安邦华、贾鹏飞、 顾光辉	叶静
	太原理工 大学	智能自修复型玄武岩纤维纱线	阴晓龙、余娟娟、 孙士杰	刘淑强、吴改红
	德州学院	天莲纤维/莫代尔纤维/海斯摩尔 纤维/viloft纤维保健纱	卢岩、任恩泽、 叶玉清	王秀燕
	盐城工学院	吸湿透气亲肤保健罗布麻 紧密纺	张文波、张宇宸	林洪芹、吕立斌、 崔红

	太原理工大学	羊驼绒/牦牛绒(50/50）/腈纶长丝三组分深麻灰色时尚紧密包芯纱	张亮儒、周春柔、陈霞	刘月玲、张永芳、赵万荣、王玉栋、张志毅
	德州学院	蚕丝碳/有机棉保暖增强吸湿抗菌保健纱	郭亭、韩缤、李怡萱	王静
	德州学院	腈纶/Modal/蚕蛹蛋白赛络纺紧密纺针织纱	解希娜、王韶若、高迪	叶守岌
	嘉兴学院	夜色霓虹	王莉、吴俊杰、余庆达	杨恩龙、陈伟雄
	盐城工学院	抗静电圈圈纱	沈弘扬	崔红、林洪芹、高大伟
	太原理工大学	芳砜纶/阻燃黏胶/导电丝（60/30/10）煤矿用阻燃抗静电包芯纱	刘静茹、张爱云	刘淑强、吴改红
三等奖（48项）	嘉兴学院	弹力彩色圈圈纱	林艳冰、陈肖依、冯辉	敖利民
	嘉兴学院	镀银锦纶包氨纶弹性导电纱	杨瑞、王海燕	曹建达
	盐城工学院	19.2tex黑色芳纶导电短纤维紧密纱	唐健、王新、蔡辉	林洪芹、崔红、高大伟
	西安工程大学	由废旧牛仔织物开发的可用于三维织造的纱线	杨雪、孟雪、于洋	樊威
	天津工业大学	轻质、吸湿快干、抗菌、防紫外包芯纱	方尧、方莹、赵雨薇	赵立环、周宝明
	西安工程大学	"草珊瑚"黏胶纤维/涤纶段彩变支纱	钱德晨、韦邦祚、陈浩	宋红、吴磊、张弦
	太原理工大学	18.45tex黏胶基智能调温纤维/异形涤纶65/35混纺纱	刘吉凯、韩宇、宋镇宇	刘月玲、张永芳、赵万荣、王玉栋、张志毅
	天津工业大学	透气、导湿、抑菌、紫外线段彩竹节纱	宋绍翠、邱云明、张磊	赵立环、周宝明
	太原理工大学	羊驼绒/超细羊毛(50/50）/腈纶长丝三组分品质典雅包芯纱	韩宇、周春柔、张爱云	刘月玲、张永芳、赵万荣、王玉栋、张志毅

	天津工业大学	天丝/草珊瑚/导电腈纶赛络紧密纺纱线	李锦阳、李正正、赵李英	周宝明、赵立环
	天津工业大学	吸湿快干、亲肤性包芯纱	孙亚虎、苏士超、王嘉辉	赵立环、周宝明
	德州学院	菠菜绿色植物环保染料段染植物蛋白针织纱	史善静、刘泽雨、张雨	王静
	天津工业大学	条/粗混条纹织物用多彩单纱	郝伟伟、辛光达、陈徐	李凤艳、周宝明、赵立环
	中原工学院	有色黏胶/彩涤紧密赛络纺AB包芯纱	安邦华、顾光辉、赵文浩	叶静
	天津工业大学	抗菌、抗紫外线、舒适透气护肤纱	钟璠、侯大伟	周宝明、赵立环
	中原工学院	Tencel A100/染色棉/有色涤纶四组分紧密色纺段彩竹节纱	顾光辉、贾鹏飞、闫玲玲	叶静
三等奖（48项）	天津工业大学	罗布麻/竹代尔/彩色棉/氨纶赛络纺包芯纱	李伟宁、丁扬	周宝明、赵立环
	天津工业大学	阻燃、防辐射、抗静电复合纱	袁良玉、汪强、朱本铄	赵立环、周宝明
	浙江理工大学	簇绒纱（织造费边纱线再造）	张陈恬、吴修文、赵沉沉	赵连英
	中原工学院	天丝/黏胶/彩涤18tex多组分段彩纱	李风宁、雷丹丹、顾光辉	叶静
	德州学院	基于段彩纺纱技术的棉/天丝/甲壳素抗菌花式纱线	张亭亭、孟硕、任恩泽	张梅
	盐城工学院	吸湿抗菌保健草珊瑚竹浆纤维混纺复合纱	方曼、濮玉荣、陈郝	崔红、高大伟、林洪芹
	辽东学院	棉、锦、麻混纺纱的设计	张梦园、潘玉、张静	曹继鹏、邵英海、于吉成
	江南大学	云衣花荣——云霞花月复合纱	陈雅意、张鑫、董唐玉	傅佳佳、王文聪、许波
	江南大学	多元幻彩转杯纺	李季晗、李小含	杨瑞华

三等奖 （48项）	江南大学	星空	刘欢、胡田田	杨瑞华
	德州学院	Dralon纤维/海斯摩尔/ 棉纤维透气抗菌防霉混纺纱	蔡养芝、陈双双、 吴可	高志强
	德州学院	抗起球腈纶/莫代尔/不锈钢 纤维抗静电紧密赛络纺	杨光玉、孟硕、 程宏宇	张梅

表 9-3 优秀指导教师获奖名单

学校	优秀指导教师
东华大学	郁崇文
天津工业大学	赵立环、周宝明
江南大学	傅佳佳、苏旭中
嘉兴学院	敖利民、杨恩龙、史晶晶
德州学院	张梅、王静
盐城工学院	崔红、林洪芹
太原理工大学	刘月玲
中原工学院	叶静
青岛大学	姜展
西安工程大学	宋红、吴磊

表 9-4 最佳组织单位获奖名单

奖项	院校
最佳组织奖	天津工业大学
	江南大学
	德州学院
	盐城工学院
	嘉兴学院
	太原理工大学
	中原工学院
	西安工程大学

4. 部分获奖作品介绍

特等奖

（1）作品名称： 来自于"过去"的新型纱线

作品单位： 青岛大学

作者姓名： 王婷、欧阳兆锋、万欣

指导教师： 姜展、邢明杰

创新点： 本作品"来自于'过去'的新型纱线"采用废旧纺织品中的纱线作为原料，经过自行设计研发的特殊设备"非均质处理器"处理，得到各式各样不同形状、不同长度、不同粗细的非均质纤维集合体，消毒处理进而在清梳联工序中将其混入棉网中，重新利用，形成风格独特的新纱线。

适用范围： 废旧纺织品的利用。

市场前景： 促进资源有效利用和环境保护，促进新旧动能转换和纺织行业产业结构调整升级，促进经济发展。

专家点评： 面对纺织行业资源短缺和纺织品环境污染的问题，本作品利用废旧纺织品将其处理为不同颜色、不同形状、不同大小的非均质纤维集合体，并将其在纺纱过程梳棉工序混入棉网中，最终形成具有独特风格的纱线。本作品主要的创新点首先体现在能够利用废旧纺织品制得非均匀质纤维集合体，以旧换新，实现废物利用，提高资源利用率，符合国家可持续发展的政策方针。第二，多种形态的非均质集合体在棉网中分布的不规则性，使纱线和织物具有独特的风格，可用于各种服装、装饰、家居用品等。此外，从工艺上看，纱的加工过程仍然是基于环锭纺纱，工艺较为简单，容易实施，成本低廉。该作品目前还存在以下问题：在梳棉工序生成棉网中混入了非均质纤维集合体，由于集合体长度较短且与棉网或棉条中纤维的抱合力不足，在纺纱后续加工以及织物加工和使用过程中难免会导致这些集合体的散失，影响纱和织物的外观和使用寿命。总之，本作品反映废旧纺织品再回收利用的理念，符合国家绿色、生态、环保的发展政策，具有广阔的应用前景。

图 9-5 来自"过去"的新型纱线及其织物

（2）**作品名称：**健康生态三组分高比例罗布麻混纺纱

作品单位：江南大学

作者姓名：王子媚、何金津、赵士云

指导教师：苏旭中、谢春萍

创新点：

①本设计开发了线密度为 20.8tex 罗布麻 / 莫代尔 / 腈纶 48/32/20 混纺纱，选用莫代尔、染色腈纶与罗布麻混纺既改善了纱线的可纺性，又改善了织物的服用性与功能性。

②染色腈纶的加入提高了纱线的柔软度且省去了后道纱线的染色。

③采用集聚纺纺纱方式改善了成纱条干与毛羽。

④本设计生产了纺纱较困难的高含量罗布麻混纺纱，罗布麻比例为 48%，因此面料的抗菌性较好。

适用范围：内衣、袜子的纱线，继而开发具有保健功能的针织面料。

市场前景：本设计选取了罗布麻、有色腈纶与莫代尔三种纤维作为纺织原料进行混纺，可改善可纺性能与手感，可开发具有保健功能的纱和针织产品，如内衣、袜子等。

图 9-6 健康生态三组分高比例罗布麻混纺纱

（3）**作品名称：**抗皱、柔软的紧密纺生物基锦纶 / 苎麻生态混纺纱设计

作品单位：东华大学

作者姓名：李豪、王子懿、石毅

指导教师：郁崇文

创新点：本设计采用新型原料——生物基的锦纶纤维与苎麻混纺，并利用新型纺纱技术——紧密纺，减少苎麻纱的毛羽，改善纱的质量，通过对混纺比例、捻系数等参数的优化，开发出具有抗皱、柔软、耐磨等优良性能的新型生态苎麻 / 锦纶混纺纱及面料。

（4）**作品名称：**多色嵌入式段彩纱——四季更迭

作品单位：嘉兴学院

作者姓名：金晓岚、桑婧婧、曹竹燕

指导教师：史晶晶、陈伟雄

创新点：作品采用棉纤维纺成的短纤维，通过罗拉单电机间歇传动使得纤维分段喂入，通过同轴罗拉与阶梯皮辊结合、单电机控制，使得四根粗纱条独立喂入与机构结构的紧凑。从而实现在一台设备上的一根纱线上，有四组不同色彩短纤维随意组合纺纱，色段过渡自然，纺纱效率高，断头少。产品段彩纱所采用散纤维染色技术非常环保，符合可持续发展要求，产品原料为棉纤维，拥有吸湿性能好，透气性能好，无闷热感，无静电，化学性能稳定等优点。

适用范围：休闲服装面料。

（5）**作品名称：**负离子抗菌消炎嵌入式复合纱

作品单位：盐城工学院

作者姓名：石康、李东恒、张成

指导教师：崔红、高大伟、林洪芹

创新点：本设计通过在并条工序将涤棉负离子／罗布麻黏胶等进行混纺制成多组分的粗纱，通过加入两根丙纶长丝进行嵌入式复合纺纱纺成复合纱，所纺纱线具有抗菌消炎的特性，而且赋予织物保健性强、促进人体血液循环、改善人体细胞供血状态的特性等功能，可直接用于具有抗菌保健功能的纺织品设计。

适用范围：用于具有抗菌保健功能的纺织品设计。

市场前景：所开发的负离子面料具有与肌肤接触柔软、耐水洗性好、负离子发生效果明显等优点，可广泛用于家居用和医用等。尤其是添加了罗布麻黏胶的负离子床上用品，面料舒适，手感柔滑，悬垂性好，透气性好，具有丝绸般的外观和独特的保健功能，其产生的负离子及罗布麻黏胶的草本保健性能促进人体血液循环，帮助睡眠，更增强了产品的保健效果。

专家点评：该作品利用复合嵌入式纺纱技术将罗布麻黏胶纤维与负离子涤纶纤维混纺并嵌入丙纶长丝，产品具有释放负离子、天然抗菌消炎等功效。制织面料舒适、手感柔软、悬垂透气性好，适用于开发保暖内衣、婴童装、家纺用品等。可进一步增加负离子涤纶的混比突出提供负氧离子、提高免疫等功能，另外应更加注重色彩与材质的搭配使产品档次得到进一步提升。

图 9-7 负离子抗菌消炎嵌入式复合纱编织的织物

（6）**作品名称：**三芯四色段彩长丝包缠纱

作品单位：嘉兴学院

作者姓名：刘娜、袁秀文、刘晨芳

指导教师：敖利民

创新点：作品采用空心锭包缠纺纱技术，以三根不同颜色的长丝纱合并喂入为芯纱，以其中一种颜色的彩色长丝纱为外包缠纱，纺制包缠复合纱，利用空心锭对芯纱的假捻作用产生段彩效果，以此获取段彩长丝纱。

适用范围：段彩纱线。

市场前景：可广泛用于服装面料。

图 9-8 三芯四色段彩长丝包缠纱

一等奖

（1）**作品名称：** 透气、透湿、抑菌可降解医用紧密包缠纱

作品单位： 天津工业大学

作者姓名： 徐沈阳、杨旭斌、刘承虎

指导教师： 赵立环、周宝明

创新点：

①以甲壳素短纤维为芯纱起连接作用，外包负离子黏胶纤维 / 聚乳酸纤维 / 海藻酸钠纤维，同时具有三种纤维的优点，设计新颖，兼顾纱线的功能性与实用性。另外，甲壳素短纤维具有长丝无法比拟的优点。

②采用包缠结构，甲壳素短纤作纱芯骨干，纱线做包扎布经浸润后融合甲壳素、海藻酸钠等物质，对包扎部位起到极好的抑菌、止血、保健作用，利于伤口愈合、减少感染。且负离子黏胶具有物理抑菌作用。

③原料来源广泛、环保，纺制出的纱线完全符合医学使用要求，而且完全可降解，也无需上浆，可节约成本。

（2）**作品名称：** 高强阻燃、抗菌除臭、防紫外圈圈纱

作品单位： 天津工业大学

作者姓名： 赵雨薇、申素贞、张熠鹏

指导教师： 周宝明、赵立环

创新点：

①以竹炭长丝为芯纱，芳纶 1414/ 阻燃黏胶 / 导电涤纶短纤为饰纱和固纱，使圈圈线具有四种纤维及圈圈线的的结构优点，设计新颖，兼顾纱线的功能性与经济实用性。

②经文献参考及实践确定的最优混纺比——60/30/10 芳纶 1414/ 阻燃黏胶 / 导电涤纶，在保留芳纶 1414 高强高模、耐热性能的同时，改善其可纺性、亲肤性，提高经济实用性，同时由于静电的减少可以提高生产效率。

（3）**作品名称：** 生态抗菌除螨牛角瓜纤维 / 蚕蛹蛋白 /Aircell 多功能混纺针织纱

作品单位： 德州学院

作者姓名： 马勇、于丹、刘翠翠

指导教师： 王静

创新点：

①纱线选材新颖，绿色天然、功能、保健。

②牛角瓜纤维、蚕蛹蛋白纤维和 Aircell 纤维，优势互补，相辅相成，共同打造生态抗菌除螨牛角瓜纤维 / 蚕蛹蛋白 /Aircell 多功能混纺针织纱，产品附加值高，迎合市场需求，并获取较好的经济效益。

（4）**作品名称：** 比翼双飞

作品单位： 西安工程大学

作者姓名： 曹莹、王青春、苏婷

指导教师： 任学勤

创新点：

①空心锭包缠纱与竹节纱相结合。

②竹节部分强度高不容易发生断裂。

③纱线整体耐磨性高，抗起毛起球性好。

④粗细段长度、粗段粗度、包绕捻度均可任意设计。

（5）**作品名称：** 四色炫彩针织纱

作品单位： 西安工程大学

作者姓名： 魏梦辰、李蒙、解璐遥

指导教师： 宋红、张弦、吴磊

创新点： 本组制作的是四色渐变纱线，纱线原料多种。织出的织物广泛适用于各种场合的外观穿着。并且不同于普通纱线的是，纱线花式为缎彩纱，为制织造出的织物增添靓丽的外观效果。

（6）**作品名称：** 辉夜物语 - 夜光抗静电交并纱

作品单位： 江南大学

作者姓名： 张泉、徐文博、杨佳佳

指导教师： 傅佳佳、王文聪、孙洁

创新点：

①与传统夜光纱线相比有间断的夜光效果，所纺织物呈现不规则的夜光图案。

②采用抗静电长丝与夜光纱交并，使产品的舒适性得到提升。

适用范围： 主要用于生产窗帘、挂件、床上用品等家用装饰用纺织品，也可以制作成外套等服饰。在夜光纱装饰的房间里，可以享受到梦幻般美好的夜晚，关灯后房间也不再是漆黑一片，躺在夜光织物的床上，就如同置身于朦胧的月光中，让人安心入梦。也可以将夜光织物制成外套，夜晚出门不仅更加时尚，增加回头率，并且可以让远处的车辆提前发现，出行更加安全。

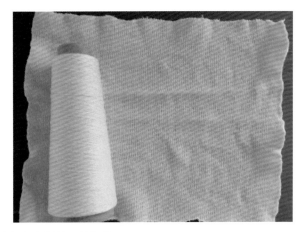

图 9-9 辉夜物语——夜光抗静电交并纱及其织物

（7）**作品名称：**用于农业基布防虫固沙净土的包芯纱

作品单位：天津工业大学

作者姓名：刘梦瑶

指导教师：周宝明、赵立环

创新点：

①针对土壤污染，将活性炭纤维应用到农业领域，吸附净化土壤中的有机物和贵重金属离子。改善活性炭的使用性能，经混纺后增强耐洗性，使用寿命明显增加。

②亚麻纤维在纺纱过程中会形成毛羽，可利用毛羽固结沙土。

③外包竹代尔/麻/活性炭混纺纱，同时具有三种纤维的优点，而且互相弥补之间的缺点，设计合理，兼顾纱线的功能性与实用性，使得产品更具多功能性。

④原料来源广泛，多为环保纤维，亚麻和竹代尔可降解，降解后可向土壤补充有机物质和培养基，促进植被生长，活性炭可循环使用，符合现代化的环保概念。

适用范围：本设计兼顾纱线的功能性与实用性，使得产品更具多功能性和环保性，可用于农田水土保持、植被建立用纺织品以及植物生长基质材料用纺织品。

（8）**作品名称：**清爽透气、抑菌除臭、夜光包芯纱

作品单位：西安工程大学

作者姓名：邱畅、张越

指导教师：张弦、宋红、吴磊

创新点：

①原料选择独具匠心。选用具有不同优良性能的纤维（夜光纤维 50%、Coolsmart 纤维 20%、竹纤维 20%、棉纤维 10%）进行混纺，致力于得到清爽透气、吸湿排汗、抑菌、抗紫、除臭、夜光等综合优良性能的纱线。

②采用纺包芯纱的方式加入氨纶丝，使纱线富有较好的弹性，服装穿着起来更加舒适。

③节能环保，对人体无害。夜光纤维为蓄能型纤维，无需染色，无毒无害、无放射性，属于环境友好型产品。

适用范围：运动服饰、舞台装、家纺装饰品、发光救生衣、发光消防服、发光安全帽等。

（9）**作品名称：**"双芯 - 单包"包缠复合段彩纱

作品单位： 嘉兴学院

作者姓名： 冯辉、陈肖依、林艳冰

指导教师： 敖利民

创新点： 本设计利用空心锭包缠纺纱技术的芯纱动态假捻残留，以多根异色纱线作为芯纱，进行一次包缠（单包）纺纱，获取具有无规律段彩外观的包缠纱，是对包缠纺纱技术的拓展应用，提出了一种不同于现有技术的利用彩色纱线纺制段彩效果纱线的加工方法，且技术更简单，易于控制。

适用范围： 不同线密度、材质的纱线，可以用于制织各种机织物与针织物，用于针织、机织服装面料，床上用品等。根据最终用途选择不同纤维种类的长丝、短线纱，甚至特种纤维、功能纤维纱线，可以获取各种性能和功能的纱线，可满足各个领域的需要。

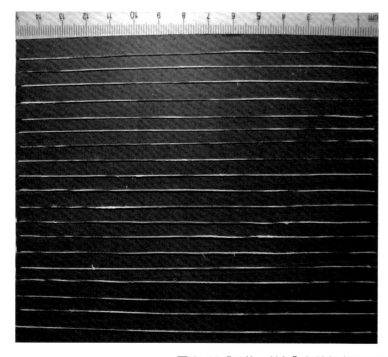 

图 9-10 "双芯－单包"包缠复合段彩纱及其织物

（10）**作品名称：**"青花瓷"段彩纱

作品单位： 西安工程大学

作者姓名： 陈浩、韦邦祚、魏梦辰

指导教师： 宋红、张弦、吴磊

创新点： 使用先进的四色并条机机器，生产出的纱线具有雨后初晴、碧海蓝天般的渐变效果，为花式纱线段彩纱增添了一个新的研究领域。改变了生产传统段彩纱的工艺流程。

（11）**作品名称：** 易洗快干、导湿透气、抑菌紧密纺包芯纱

作品单位： 天津工业大学

作者姓名： 方莹、赵雨薇、刘瑞娟

指导教师： 赵立环、周宝明

创新点：

①结构创新。以水溶性维纶长丝为芯，纺制出的包芯纱，经过退维后，可形成中空纱结构，使得纱线线密度进一步减小，达到高支的设计目的；同时中空结构使空气滞留，增加了纱线保暖系数，提高保暖性，且纱线手感柔软舒适。

②原料创新。仪纶是我国"十二五"科技攻关项目的超仿棉产品，产品应用范围较广，适合各类混纺面料，可部分替代棉纤维，减少纺织品对棉纤维的依赖，缓解粮棉争地问题，产品优势明显。大豆蛋白纤维是我国首创的一种高科技、高附加价值的新型纺织原料，能生物降解并且来源广阔。薄荷纤维具有清凉、保健、提神等药理功能，更重要的是它还具有天然的抗菌功能而且多次洗涤后依然保持抗菌性。

适用范围： 成纱具有易洗快干、导湿透气、抑菌特性，且外观质感较好，制成织物后经过退维，进一步提高纱线支数、增强其轻薄透气性，可广泛应用于高档贴身内衣、夏季轻薄衣物等。因此，本设计原料来源广泛，生产技术易实现，应用范围广，有良好的经济效应，广阔的市场前景以及较强的市场竞争力。

（12）**作品名称：** "滚滚沙涛" ——天然彩棉／薄荷／天丝竹节纱

作品单位： 西安工程大学

作者姓名： 康俊宝、聂宁贵、陈春娇

指导教师： 吴磊、宋红、张弦、陈莉

创新点： 作品以天然棕色彩棉、条染深棕黄功能性薄荷纤维和奥地利优质亮白天丝为原料。其颜色丰富，时尚自然，亮暗相间，具有层次感，在纱线外观上给人以大漠疏离的美感。同时采用竹节结构，使纱线不仅具有优异的吸湿性能和天然凉感抗菌性能，又能通过竹节部分有效减小与身体的接触面积，且具有强烈的立体感。在炎炎夏日里，也能让人感觉到舒适与自然。

适用范围： 适用于夏季面料，可用机织或针织制织夏季汗衫、背心、T恤等。

二等奖

（1）**作品名称：** 变电阻纱线

作品单位： 嘉兴学院

作者姓名： 周柯妤、向国富、蒋连意

指导教师： 曹建达、张焕侠

创新点： 通过高科技的表面镀银技术以及用镀银长丝以不同股数、不同捻度合股的纱线，获得不同的电阻。镀银纤维将金属银与化学纤维的特性集于一身；由于金属银的存在，镀银纤维具有抗电磁辐射、抗静电和抗菌等性能；同时，由于基体为化学纤维，镀银纤维还具有化学纤维所具有的舒适性。

适用范围： 基于上述特性，可应用于电磁屏蔽服以及其他可穿戴电子设备上。

市场前景： 可以应用于一些特殊服装的生产，迎合一些特殊工作人群的工作需求，比如石油厂、煤矿厂一些对服装抗静电性能有较高要求的工作场所。同时锦纶镀银纤维的电磁屏蔽性能可以运用于军事设备。

变电阻纱能够结合传感器和纺织品，即制作柔性传感器。可以通过这种导电纤维的交替编织，形成可测压力的织物，同时可以通过设计不同的组织，在织物上编织形成不同的电路，制作成织物软键盘，这也是实现人机交互作用的一个途径。

另外，一旦可测压力织物开发成熟，就可以应用于 VR 游戏服或者其他的可穿戴电子设备，甚至可以带动更多领域的创新，让人们的生活朝着更加便利的方向前进。

（2）作品名称： 导电耐高温阻燃电磁屏蔽包缠纱

作品单位： 天津工业大学

作者姓名： 何奇、王浩

指导教师： 彭浩凯、周宝明、赵立环

创新点：

①用碳纤维做芯纱，增加了纱线的柔软性、强力及电磁屏蔽效果。用芳砜纶做包缠纱，增强了纱线的耐高温阻燃性能。织物极限氧指数达到 35%。

②碳纤维被芳砜纶以 Z 捻与 S 捻包裹两次，使碳纤维的包缠效果更好。

适用范围： 本产品可用于防护制品，如宇航服、飞行通风服、特种军服、军用蓬布、消防服，以及过滤材料，如烟道气除尘过滤袋、稀有金属回收袋，导电设备的防护与电磁辐射的防护。

（3）作品名称： 智能调温石墨烯复合功能纱线开发与性能

作品单位： 西安工程大学

作者姓名： 向雨、王超

指导教师： 王进美

创新点：

①利用石墨烯、调温纤维与棉纤维复合，形成系列化石墨烯调温纱线。

②将石墨烯、调温纤维与普通纤维复合，使纱线具有抗菌、抗螨虫、抗静电、远红外发热等特殊功能。

（4）作品名称： "一湖清水映蓝天"——天丝／薄荷／玉石凉感包缠纱

作品单位： 西安工程大学

作者姓名： 康俊宝、聂宁贵、陈春娇

指导教师： 吴磊、宋红、陈莉、张弦

创新点： 纱线内部为玉石凉感长丝，天丝、薄荷包缠在表层，既充分发挥了玉石凉感长丝清凉的功能，又增强了纱线强度。包缠在外部的天丝具有良好的光泽和白度，增强了纱线的亮度，而薄荷也能够充分地发挥其凉爽和抗菌功效。

适用范围： 夏季运动休闲服饰薄衫、T 恤等。

（5）**作品名称：** 桑蚕丝 / 棉长短纤赛络纺纱线——竹音

作品单位： 嘉兴学院

作者姓名： 曹竹燕、桑婧婧、李梦真

指导教师： 史晶晶、陈伟雄

创新点：

①采用一种长度差异化纤维赛络纺成纱装置，具体是一种细纱机上的赛络纺牵伸机构，装置与现有技术的环锭细纱设备相结合，具有赛络纺负压气流集聚机构。

②在细纱机上，采用两组并列且对不同纤维长度的粗纱纤维条进行分组牵伸、并合加捻的牵伸机构，分别对两根粗纱纤维条进行牵伸。

适用范围： 该纱线可用于针织、机织，适合做裙子和衬衫类面料或各类家居类产品面料。

（6）**作品名称：** 一种仿兔毛纱线的设计开发

作品单位： 德州学院

作者姓名： 吴传芬、赵文婧、石孟鹭

指导教师： 张伟、李梅

创新点： 针对兔毛手感和附加性能饱受市场欢迎，但其抱合性差，不易纺纱成布，易起毛起球、脱毛等问题，采用化纤仿生的方法，纺制仿兔毛纱线。使用锦纶、黏胶和 PBT 纤维，通过合理设置工艺参数，纺出 21tex 仿兔毛纱线，手感滑爽。PBT 捻向与细纱捻向相反时，能更好地包覆纤维，从而增强纱线的物理机械性能，改善纱线外观质量，同时使纺出的纱线更符合仿兔毛纱线的特点。

（7）**作品名称：** PANI/PU/PAN 复合纳米纤维纱

作品单位： 嘉兴学院

作者姓名： 胡佳昊、戴姗姗

指导教师： 詹建朝

创新点：

①自制静电纺纳米纤维成纱设备与技术。本实验纺成的纱线为包芯纱，将芯线由导纱钩引导，并经过一个压力装置，使纱线的速度得到控制，从装有八个注射针管的向下喷丝的注射泵中间通过，穿过水槽底部的小孔，并卷绕到接收辊上。在注射泵的压力下，在高压电的作用下，针管喷出的纳米纤维直接喷到芯线表面或者沉积在水的表面，上水槽底部小孔使水流向下流动而形成漩涡，沉积的纤维在漩涡的作用下受到拉伸、聚集成束并从小孔流出牵引到卷绕辊筒上。

②使用结构导电高分子材料 (ICP) 来替换用于电磁屏蔽的金属材料，并且具有比一般电磁屏蔽金属重量轻、韧性好、易加工、电导率易于调节的优势。

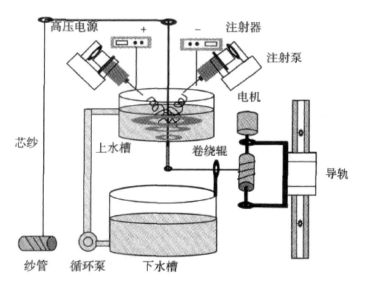

图 9-11 自制纳米纤维纱纺纱设备简图

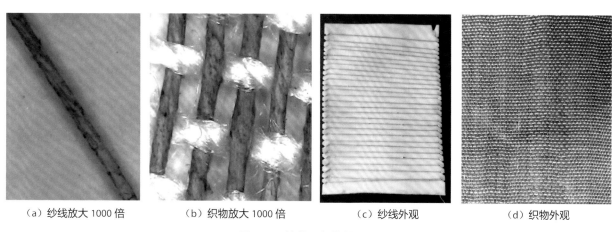

| （a）纱线放大 1000 倍 | （b）织物放大 1000 倍 | （c）纱线外观 | （d）织物外观 |

图 9-12 纱线及织物的外观形态

（8）作品名称： 锦纶／羊绒弹力圈圈纱

作品单位： 嘉兴学院

作者姓名： 黄金梅、林艳冰、张傅玥

指导教师： 敖利民

创新点： 本设计利用的空心锭包缠纺纱技术对于原料的选择没有限制，芯纱和外包缠纱都可以使用各类长丝和短纤纱材料，但是原料的选择会对最终所纺制出的弹力圈圈纱及其织物的起圈效果、特性以及用途产生一定的影响，是对包缠纺纱技术的拓展应用，充分发挥了纱线自身强大优点的加工方法。

适用范围： 可用于纺织羊毛衫、毛裤、毛背心、围巾、帽子及手套和编织各种春秋季节服饰用品，除保暖外还有装饰作用。织物厚度较薄、起圈纱在织物表面分布较稀疏、轻薄柔软、手感丰满滑爽，完全也适合做夏季的贴身衣物。

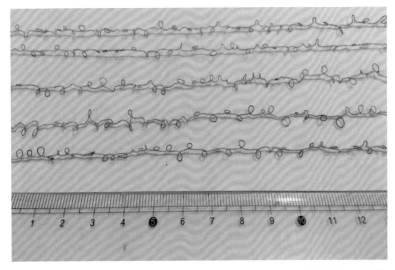

图 9-13 锦纶 / 羊绒弹力圈圈纱及其织物

（9）**作品名称：**保健、舒适、环保型包芯纱

作品单位：天津工业大学

作者姓名：侯大伟、钟璠

指导教师：周宝明、赵立环

创新点：

①以甲壳素为芯纱，罗布麻 / 牛奶蛋白 / 棉作外包纤维，同时具有四种纤维的优点，设计比较新颖，兼顾纱线的功能性与实用性。

②原料来源广泛，纺制出纱线具有保健、抑菌舒适等多种功能，符合现代服装的要求。

适用范围：本产品可适用于机织物或针织物，适合用于织造老弱孕幼穿戴的服装，符合现代人类对于保健、养生、环保和高质量的生活品质的追求。

（10）**作品名称：**吸湿排汗、阻燃抗菌聚酰亚胺纤维混纺纱

作品单位：盐城工学院

作者姓名：赵银银、耿炜、李东恒

指导教师：崔红、吕立斌、张伟

创新点：本设计通过在并条工序将纤维聚酰胺纤维 / 十字涤纶纤维 / 三角涤纶纤维 / 苎麻纤维 / 棉纤维等进行混纺制成多组分的棉条，通过环锭纺纱工艺，所纺成的纱线具有阻燃抗菌的特性，赋予织物吸湿功能，可直接用于具有阻燃、抗菌保健功能的纺织品设计。

（11）**作品名称：**智能调温冬夏两用舒爽、抑菌、抗辐射两用席用纱

作品单位：天津工业大学

作者姓名：王楠、邬明君、张敏敏

指导教师：周宝明、赵立环

创新点：

①原料选择创新。不锈钢长丝做芯纱，可以避免将不锈钢长丝进行牵切的工序，缩短了纺纱工艺流程，大大减少生产成本；采用新型的蓄热调温纤维，其特有的优良性能，极其适用于本产品的功能；外包纤维采用健康环保的竹代尔和薄荷，使织物具有清凉舒爽、抗菌抑菌的功能。

②纺纱技术和纱线结构创新。利用紧密纺纺制包芯纱，使该设计纱线结构紧密、毛羽少，相对于普通环锭纺产品，其品质大大提高，包覆效果更好；在纺制时直接使用有色纤维进行纤维混，无需经过染色加工，且色彩较染色更加均匀饱满；使用棉纺花式捻线机，采用芯纱，饰纱，和固纱的三重结构，不仅增加了花式效果，而且使包缠结构更加紧密。

（12）作品名称： 珍珠纤维混纺灰色结子纱

作品单位： 盐城工学院

作者姓名： 李露红、金陈、刘晓玉

指导教师： 郭岭岭、崔红、王春霞

创新点： 珍珠纤维与其他纤维组合可以实现优势互补，不仅能降低成本，还能体现纤维的功能特性，实现功能纺织品的要求。其中还有一个亮点，就是它纱线本身故意制造出结子，制成的织物本身会有一种颗粒感，呈现出立体的效果。

（13）作品名称： 天然抗菌保暖耐高温混纺紧密纱

作品单位： 盐城工学院

作者姓名： 莫年格、李东恒、杜天铖

指导教师： 林洪芹、崔红、吕立斌

创新点： 采用草珊瑚纤维、聚酰亚胺纤维、羊毛纤维混纺纺纱，使得纱线具有天然抗菌、保暖、耐高温阻燃等功能；将羊毛纤维切断成棉型纤维长度约 35mm，符合在棉纺设备上进行加工，并与草珊瑚纤维、聚酰亚胺纤维混纺，采用紧密纺纱工艺，使成纱毛羽和蓬松度比传统环锭纱减少，并且可以扩大羊毛纤维的应用领域。

（14）作品名称： 棉 / 负离子纤维 / 蓄热调温纤维混纺紧密包芯纱

作品单位： 天津工业大学

作者姓名： 刘丹阳、王天琪

指导教师： 赵立环、周宝明

创新点： 黏胶型蓄热调温纤维纯纺纱线强力低，选择棉纤维与其进行混纺，通过调整纺纱工艺以及混纺比使纱线既获得最佳调温效果，又具有较好的力学性能以及条干等。采用紧密纺制成的包芯纱强力高、毛羽少，且成本低。

适用范围： 该包芯纱适用于衬衫、裤子、内衣、睡衣等贴身衣物的生产，也可用于床上用品。医疗卫生方面，该纱线可在理疗上，利用相变材料温度的调控性能和负离子的疗养作用，对病人的病情起到良好的辅助治疗效果。

（15）作品名称： 羊驼绒 / 牦牛绒（70/30）/ 腈纶长丝三组分环保浅麻灰包芯纱

作品单位： 太原理工大学

作者姓名： 周春柔、张亮儒、张开源

指导教师： 刘月玲、张永芳、赵万荣、王玉栋、张志毅

创新点： 该作品的创新点在于只需改变牦牛绒的混纺比即可得到所需色泽效果，且绿色环保。赛络菲尔紧密纺纱技术使纱线手感好、强度高、毛羽少。

（16）作品名称： 碳纳米管载体式复合纱线

作品单位： 武汉纺织大学

作者姓名： 孟雨辰、王昕、汤敏

指导教师： 夏治刚

创新点：

①碳纳米管载体式复合纺纱方法具备创新性：利用浸润装置将碳纳米管与石墨烯溶液均匀附着在载体长丝上。

②创造性地研制碳纳米管式复合纺纱装置：本实验创造性地使用浸润装置放置碳纳米管溶液并利用海绵凹槽压轧热烘干，导纱轮可以调节长丝位置纺制包缠纱。

③采用碳纳米管复合纺纱装备，创造性地研制出强力高、质量轻、导电导热性能好的纱线，有望应用于通信等方面，产品附加值高。

适用范围： 碳纳米管在许多结构的应用很广泛，如航空航天部件、防弹衣、体育用品和纺织产品。

（17）作品名称： 淡淡棕香——棕色彩棉 / 抗菌蜂窝涤纶竹节纱

作品单位： 西安工程大学

作者姓名： 唐驰、张露、刘明

指导教师： 陈莉

创新点：

①原料选配独居匠心。使用 50% 天然棕棉 +50% 抗菌蜂窝涤纶纤维进行混纺，有效降低了棕棉的加工困难的问题，提高了其可纺性。

②节能环保，无需染色，对人体无害。

③采用竹节纱的形态，改进织物的外观。

适用范围： 该款彩棉 / 抗菌蜂窝涤纶竹节纱用来生产婴幼儿服装，生态环保，具有棉的柔软、优雅的天然棕色、优良的抗菌效果。具有竹节的效果，丰富了纺织品的外观。另外，本款纱线亦可作为其他人群的可用于贴身穿内衣和外衣用纱。竹节的效果也可用于家纺织物和装饰织物用纱。

（18）作品名称： 奔梦路上，霞光满天

作品单位： 西安工程大学

作者姓名： 曹莹、王青春、马文钊

指导教师：任学勤

创新点：

①由一根纱线在针织横机上直接织出自己设计的图案。

②搭配时，可选择不同材料的纱线。

③一根纱线颜色可达三十种以上，且可以做到每段长度不同。

④长度较精确。

5. 参赛体会

王婷（特等奖获得者）

非常荣幸能获得第九届全国大学生纱线设计大赛的特等奖，感谢姜展、邢明杰、张玉清老师对我的指导和帮助，感谢青岛大学纺织服装学院对我的支持，感谢比赛组委会对我的肯定和鼓励！

也许是从小就对纺织服装比较感兴趣的缘故，我一直都很喜欢做一些小针线活。高考之后，我毫不犹豫地选择了纺织工程专业，打算以后能系统学习纤维、纱线、面料方面的知识，发展自己的兴趣。大学时，每次上课，我总是坐在第一排，课上认真听讲，课下积极跟老师探讨交流，积极拓展自己的知识面，丰富自己知识储备的同时，对纺织材料的兴趣也越来越浓厚。接到纱线设计大赛通知的时候，我就想是时候动动手，把专业所学转化为比赛作品了。在跟指导老师和参赛同学积极磋商后，结合学院实验室条件，我们决定做一款来自于"过去"的新型纱线。

服装作为人类生活中必不可少的重要组成部分，其行业正在面临两大问题：一是随着耕地面积和石油、天然气等不可再生资源的减少，满足消费者对于纺织服装材料越来越大的需求量，面临巨大压力；二是大量的废旧纺织服装，由于没有进行循环利用，导致不同程度的资源浪费和环境污染。因此，废旧纺织品的回收再利用是符合生态、绿色、环保要求的必经之路。而现有的对废旧纺织品的回收利用主要是采用二次销售、物理回收和化学回收等存在各种问题的方法。

能够获得特等奖，对我来说是一项荣誉，我珍视荣誉，也同样珍视学习的过程，珍视成长中积淀的宝贵财富，比如理想，比如勤奋；那也许是学习上对于一个问题的穷根究底，也许是解题过程中的苦苦思索，也许是推广过程中的来回奔波。正如此，我们就这样长大了，成熟了；懂得了付出，也懂得了努力，更懂得了争取荣誉的真谛所在！比赛获奖决不是我拼搏的句点，而是新的征程的开始。我会不断地设立新的目标，不断地超越自我！各种奖项是一个个参照系数，记载着我奋斗的历程。保持梦想与奋斗不息正是我闪亮青春的最好注解，也是值得我一生保有的优秀品质。

王子媚（特等奖获得者）

本人于 2019 年本科毕业于江南大学纺织服装学院纺织工程专业，很荣幸有机会参加了由中国纺织服装教育学会和教育部高等学校纺织类专业教学指导委员会联合举办的第九届全国大学生纱线设计大赛，作品"健康生态三组分高比例罗布麻混纺纱"获得了特等奖，并参与了大会现场交流。这次获奖离不开母校江南大学的培养，离不开纺织服装学院专业齐全的实验条件，离不开指导老师的悉心指导，离不开实验室师姐的悉心指导。

能够参加这次纱线设计大赛对我来说是一次宝贵的人生经历，对我现在的工作也很有帮助。本人目前在宁波大朴家纺工作，公司是本土自主设计、生产、销售一体化的家居品牌大朴（DAPU）旗下的全系列家居产品，包括床上用品、巾类、内衣、杂货四大类别百余款产品。公司对产品的质量要求很严格，紧跟潮流趋势，均采用国家 A 类标准（婴幼儿标准）制造，以对人体无害为底线，成全生命质朴的要求——健康、舒适，用比行业通行标准更高的要求来控制质量，每一款产品无不体现着大朴对于产品安全和舒适理念的偏执追求。基于之前参赛的设计经历，对健康、舒适理念做过全方位的调研与文献查阅，开发产品时能够从立足点、工艺、设计等多个方面考虑，能够提出更专业建议。

最后，再次感谢大赛组织者与主办方提供的平台，感谢母校江南大学纺织服装学院的培养，感谢老师们的教诲，是你们为我工作赋能。

李豪（特等奖获奖者）：推免东华大学研究生

每参加一次比赛，对自己都是一种锻炼和磨砺。在锻炼中我们进步、成长；而在比赛中获奖，则是一种额外的收获。

在纱线设计大赛的比赛过程中，我们完整地体验了一次从纤维到纱线的制作过程。这加深了我们对课本上知识的理解，让我们对纤维从纤维团到纱线的变化过程有了直观的感受。比赛过程漫长，我们的发展一度如陷入泥潭般进度缓慢。这种情况让人灰心，好在最终我们如期完成了项目。这次比赛向我们证明，千里之行始于足下。即是每一步都只是一小步，发展进度缓慢，也不用灰心沮丧。不断积累这些一小步，才有走完千里之行的可能。罗马建成非一日之功所就。不是所有的工作都有捷径可走，脚踏实地，稳步发展是最基础的胜利方法。这次比赛增强了我们对自己完成一些较大工作的信心。

在此，首先感谢郁崇文老师在本次比赛期间对我们的指导，在参与比赛过程中，郁老师时刻关注着我们的进度，并给予我们指导；其次我们要感谢徐颖师姐、张玉泽老师以及丁倩老师在纺纱、性能测试等过程中给予我们的帮助以及指导；最后感谢提供本次大赛平台的教育部高等学校纺织类专业教学指导委员会和中国纺织服装教育学会以及承办本次大赛的西安工程大学，感谢为纺织学子提供了一个相互交流的平台。我们一定会继续努力，为纺织行业发光发热。

刘娜（特等奖获得者）

我是嘉兴学院材料与纺织工程学院纺织工程专业 2015 级学生（纺织卓越 151 班），现在内蒙古工业大学攻读纺织工程专业硕士学位。2018 年，我参加了第九届纱线设计大赛，获得了特等奖，指导老师是敖利民教授。

初识纱线设计大赛，我被"小纱线大创新"的主题深深吸引，我不禁问自己如何可以通过纱线作品体现创新？如何可以让纱线作品与众不同？正是带着这样的思考，我参加了本次大赛。在敖利民教授的悉心指导下，我们查阅资料、理清思路、拟定方案。经过不断的尝试和思考，我们完成了纱线作品——三芯四色段彩长丝包缠纱。

不忘初心，方得始终。本次大赛让我坚定了做事就要做好的初心。虽然我们在调整齿轮参数时，更换了多种方案并进行了工艺计算；配色时，多次没有达到令人满意的效果，但是我们都坚持的做下去，最后收获了令人惊喜的结果。

仰望星空，脚踏实地。本次大赛的作品是我研究生涯的开始，更是对我读研阶段开展科研任务的鼓舞。它激励着我要精益求精，注重理论与实践的结合，积极开展课题任务，哪怕一次不能完成，也要积极改进、多次尝试，抱着谦虚的态度，不断地学习探索新的知识。

最后，感谢母校、指导老师和同学们，你们的帮助给我带来的不断前行的力量。祝愿全国大学生纱线设计大赛越办越好！

石康（特等奖获得者）

我很荣幸能够获得第九届全国大学生纱线设计大赛特等奖，首先，我想对一直以来关心、帮助、教育我们成长、辛勤培育我们的学校领导和老师以及支持帮助过我们的同学表示衷心的感谢和诚挚的敬意！其次，感谢学校领导对技能大赛的关心和重视，为我们提供良好的学习环境和实验条件。因为你们的鼎力支持，我们才能取得今天这样的成绩。

作为盐工学子，盐工校训"厚德重行，笃学格致"教会我要在学习好理论基础上，通过自己动手实际操作，获得经验并不断探索研究、寻求创新。全国大学生纱线设计大赛正是提升我们专业技能水平的好平台。赛前，崔红老师悉心的引导我们如何进行设计，开拓了我们的设计思路。无论白天还是晚上、平时还是周末，我们与崔红老师沟通交流，她都很耐心给予我们指导，为我们的纺纱方法、原料选配、纺机的牵伸配置等设计方案内容进行可行性的把关，并让我们多查资料，多看文献，提升自己的理论水平。在整个设计过程中，尽管遇到很多问题，但是有了崔红老师指点，方案渐渐的完善，也更加坚定了我们的信念。

作为团队的一员，我们应该牢记团队意识，大家交流心得、切磋技艺、共同进步。全国大学生纱线设计大赛让我学到了比课堂上、课本中更广阔的知识以及更扎实的技能。通过备赛、参赛，我各方面都得到了很大的提升。指导老师亦朋亦友，参赛团队如家庭。有的时候我会疲倦、烦躁，通过和老师谈心总是能够得到解决。尊敬的学校领导和老师，我们获得的荣誉是属于你们的。正是你们用宽厚的心营造了一个快乐的大家庭，正是你们用阳光般的温暖指引我们在知识的海洋里尽情遨游，正是你们不断的鼓励激励我们才能茁壮成长。

魏梦辰（一等奖获得者）

2018 年度的秋夏交接之际，我有幸参加了第九届全国大学生纱线设计大赛，收获了一段充实且难忘的经历。

宋红老师带我们认识纺纱机械，从原棉到成纱，老师的讲解十分仔细，大家学习也很认真，时间过得飞快，参观结束时，老师问大伙儿，有没有同学愿意帮忙做实验。我对纱线的制作很好奇，便毫不犹豫地报了名。

纱线的设计要从市场需求出发，经过一段时间的资料查阅、探索调查，我们决定从制作彩色纱线入手，于是便开始制作系列纱线——四色炫彩针织纱、青花瓷段彩纱。虽然我们几个对纺纱知识掌握不多，但并没有因此在实验过程中胆怯或气馁，大家都很积极观察老师如何纺纱，然后自己再动手尝试纺纱（认识实习时已经学习过安全规范）。一开始问题很多，之后的每个工序，几乎都是在我们一起试错、查阅资料、请教老师后不断更新进行的。几个人分工合作，互相打气，一有时间就在实验室或者纺纱基地扎堆，一边纺纱一边测数据，不断尝试又不断更新。不知不觉中，时间悄然流逝，我现在已不太记得具体讨论的内容，但我们在实验室里一起探讨、一起试错、一起纺纱的场景至今历历在目。

感谢宋红老师和吴磊老师的悉心教导。在整个纺纱过程中，两位老师耐心指导我们实验，对我们的实验参数设计提出宝贵的意见，甚至牺牲假期休息时间，对此我们一直心怀感激。感谢大赛组委会和我的母校提供这次比赛的机会，这次比赛让我们对纺纱有了进一步的认识，锻炼了我们的创新能力和实际操作能力。

感谢和我一起参与竞赛做实验的同学，大家齐心协力解决问题，这种昂扬向上的精神状态让那段回忆更加闪光。

以下是我们小组另外三位成员的参赛收获与感想：

李蒙："这次纱线大赛培养了我吃苦耐劳的精神，尤其是磨平了我的急脾气，让我对科研有了耐心。一开始我也和大部分非专业人士一样，认为纺纱就是只要机器运作就可以了，事实却大相径庭。从一开始的配棉到开清棉就出现了很多问题，条子的颜色和预想总是差一点；粗纱过程还算顺利，换齿轮要辛苦一些，但是细纱过程一言难尽，机器运转几秒纱线就断头，所以花费了好几个小时寻找原因，幸好后来有老师的帮助才能顺利进行。整个过程特别磨人的心性，越着急越乱，只要静下心才能找到问题解决问题。"

韦邦祚："通过参加此次纱线大赛，让我了解到织物的上色，可以从纤维做起，想要实现织物的功能化，也可以从纤维做起。通过采用四色并条机做出来的青花瓷段彩纱，在织出小样后，产生了渐变色彩的效果，当时我们大家都十分惊奇，因为这并非染色而成，是属于纱线本身的颜色。与宋老师和几位小伙伴一起参与了此次比赛，这是我大学生活中难忘的经历与宝贵的财富！"

陈浩："参加纱线设计大赛就是把所学纺纱学理论知识创造性地应用于实践的过程。一方面是对专业知识掌握情况的实际考查，另一方面又是对自己创新能力的培养。通过参加第九届大学生纱线设计大赛，了解到纱线创新主要有两个方面，其一是采用新奇的纤维原料，具体有壳聚糖、草珊瑚黏胶、薄荷黏胶、罗布麻纤维等，跳出了传统纱线原料的圈子；其二是纺纱工艺方面创新，本组产品采用了四色并条的工艺纺制出新类型的段彩纱。通过全身心参与，进一步深化了对纺纱学理论知识的理解，锻炼了创新设计专业产品的能力，培养了团队协作精神，为以后的毕业设计、读研参与科研创新项目打下了坚实的基础。"

康俊宝（一等奖获得者）

全国大学生纱线设计大赛作为全国纺织类高校的一项重要赛事，对于我们纺织工程专业的学生来说是一项极其重要且难得的比赛机会。在校期间有幸参加此项赛事并获得一等奖一项，二等奖一项。

回想整个参赛历程，每一个细节都历历在目。报名之初，我们团队成员满怀热情地同老师商量参赛项目和创意想法，最终确定将时尚健康环保的理念作为我们作品的主题，并结合当年流行色进行创新设计。小小的纱线包含了大大的世界，我们将星空，沙漠，大海融于纱线作品，脑海里有了方向，我们开始专心实干。那个夏天的暑假，我们团队成员几乎每天泡在了实验室，原料选取，分梳，制条，染色，纺纱，从课本理论到实践操作。其中遇到染色问题，就去咨询化工染整的老师专家，遇到机器故障，就找实验室老师和机器厂家进行调试维修，甚至翻课本找原理。实践出真知，每一次问题的解决都能让我们有所进步。经过大家的一起努力，成品纱线终于成功纺出，并进入大赛终评。而大赛决赛现场各高校的作品展示也让我学习到很多，开拓了思路并认识到自身的不足。这项比赛真正让我们从创新设计，实践操作，到作品总结展示有了一个全流程的训练和提升。因此我十分感谢此项赛事，特别感谢指导老师放弃暑期休假时间给予指导帮助，并感谢学校对这项比赛的重视和大力支持。

衷心祝愿全国大学生纱线设计大赛越办越好！

邱畅（一等奖获得者）

在此次的纱线大赛上获得一等奖，我感到十分的荣幸。当然，这荣誉的背后最离不开的是我的导师张弦老师，还有实验室老师专业的指导和无私的帮助，以及同学们的帮忙。

在一次偶然的机会我接触到夜光纤维这种新型纤维，引起了我强烈的兴趣，竟然有一款纤维既可以吸收光能，又可以在夜间散发出来，并且可以做到对人身体的伤害近乎没有，此时，我萌生了一个想法，如果将这种纤维应用在夜间的服装上，岂不是会大大提升人们夜间出行的安全性，这就是我做这款纱线的初衷。在现当下，运动日益成为一种时尚，而上班族通常在白天没有时间，所以他们中的大多数都选择了夜跑这项运动，而我的这款夜光纱就是专门针对这类人群而设计，它独特的夜间余辉效应为夜跑人的安全保驾护航，同时混纺入的竹纤维和 coolplus 纤维可以为服装增添抑菌效果和更好的舒适性，包进去的氨纶丝又能让服装满足运动服的基本要求——弹性好，就这样，清爽舒适、抗菌抑菌氨纶包芯纱诞生了。

在以后的时间里，我不会停止对夜光纤维的研究，争取将它的价值最大化，开发出性能更加完备的纱线。

张泉（一等奖获得者）

2018 年，我和徐文博、杨佳佳参加了第九届全国大学生纱线大赛。能在本次大赛中获得一等奖，我们感到无比荣幸和高兴。在此，对大赛组委会和承办单位能为大家提供这样一个展示自我，供大家学习交流的平台表示衷心地感谢，同时要感谢指导教师对我们的热心帮助和认真指导以及母校对本次大赛的重视和支持。

当时报名参赛的时候，大家都很积极。当然，在完成作品的阶段并不是一帆风顺的，因为以前在课堂中所接触到的大都是理论知识，要设计一款纱线需要的不仅仅是扎实的理论专业知识，还需要很多实践经验。但是，我们并没有因此而退缩，我和队友在图书馆查阅相关书籍，找专业课老师讨论相关问题，每天围绕着大赛做工作，渐渐的我们的思路清晰了，开始进行方案对比优选，最终确定了纱线设计方案——辉夜物语 -夜光抗静电交并纱。在方案确认后，我们就开始了采购原料和样品试织的过程，虽然比赛期间比较忙碌，但是我们同样尝到了收获知识的喜悦，内心十分充实。

经过了纱线设计大赛，我渐渐的成熟了许多，也有很多感悟。首先，深知只有脚踏实地学习、工作才能掌握扎实的知识，一分耕耘一分收获。其次，学习没有止境，要时刻抱着谦虚的学习态度和严谨的治学态度，只有不断的更新已有知识并努力向前探索才能有所作为。再次，学会独立思考和多思考，培养敏锐的观察力，因为在实际当中多思考和敏锐的观察力对于解决问题至关重要。最后一点，要珍视团队的力量，努力吸取他人的优点，学会互补并利用优势资源，因为善于交流和多沟通表达会让人认识到自身的不足，促进更好、更快的成长。

赵雨薇（一等奖获得者）目前就读于哈尔滨工业大学材料工程专业复合材料方向

全国大学生纱线设计大赛的举办到今年已经是第十个年头了，作为一名纺织专业的学生，我大三开始接触纺纱，2017 年跟学长学姐参赛，下半年协助周宝明、赵立环两位老师筹办比赛，2018 年再次组队参赛，至此，两次参赛，四张证书，再加上作为承办方工作人员筹备比赛的幸运，大学四年，我与纱线设计大赛的交集不可谓不多，了解也是极深的。

纱线设计大赛是一个极好的平台，它给了每个人头脑风暴的机会，在这里无论是重创新、重实用还是重创意都可以得到平等的审视，这也成就了最终作品的百花齐放。还记得我们为了纺出极高支纱，对着机台反复调试，细纱机前接头接到想放弃，为了作品的实用性与行业工作者反复探讨；也曾为了作品创新点的新颖性不知看了多少文献，与指导老师交流了多少次，最后还是要反复经历理想和现实的差距；还有筹办比赛时见到的颜色搭配变换极佳的纱线，将纱线编织成工艺品的展示方式，诗意又贴切的纱线名称，都给予我无限的感慨与想象。除此之外，纱线设计大赛带给我的还有对学习、工作和科研的思考。不论做什么，一开始的全面规划很重要，就像纱线设计之始一定要使材料、结构、布样和用途契合；有了思路和观点要大胆交流，往往结果会是 1+1>2，这也是指导老师和同伴在比赛中的重要性；创新点要有支撑材料和测试数据才能有理有据有说服力，材料要写的认真，完满最重要，作品说明的撰写对我的写作提升极多。

纱线大赛让我更加相信努力和坚持会有回报，工作量做够一定会是好结果！

徐沈阳（二等奖获得者）：保研北京大学

第一次了解到纱线设计大赛是在大二的暑假，那时候只学习了小部分专业课，知识还没有成体系，对知识的运用能力以及对实验仪器的使用都还不熟练。但在跟赵立环老师深谈后，我了解了这个比赛，也觉得自己在比赛过程种能得到充分的锻炼，于是，作为唯一的大二参赛生，在研究生学姐的帮助下进行作品的设计、制作。从原料到纱线的过程中，我积累了一定的实践经验。在申报书和作品申请书的书的撰写过程中，我对纺纱、织造过程有了更深刻的认识，同时对产业现状有了一定的认识。最终以作品高支、透气透湿的兔毛混纺纱线获得了纱线设计大赛二等奖。

在第二年，也是保研的这一年的暑期，我需要参加很多学校的夏令营，虽然忙碌，但仍然用空余的时间和组员一起讨论、试验，尝试设计一款应用型的产品，使竞赛的过程更有意义，最终开发了透气透湿、抑菌可降解的医用包缠纱，获得了一等奖。

两次参与让我对竞赛、专业知识和实际应用之间的关系有了更加深刻的理解，促进了我全方位的提升，在西安的汇报上，我也提出目前设计的不足为需要进一步优化混纺比例等参数，同时需要和同类产品进行对比，在实用性、功能性以及经济因素三个方面中找到平衡点。所以，学习不仅要学基础知识，更要充分利用竞赛、项目等实践将知识迁移运用。直到现在，我还记得东华大学郁崇文教授点评的大致内容，他从竞赛的目的，希望学生从过程中收获什么，以及在整个过程后需要思考什么三个方面阐述了竞赛的意义与愿景。而我在第二次设计大赛中得到的提升正是和老师所述的愿景不谋而合。可见要获得最大的提升，需要我们沉浸其中，以获得更深入的思考。我十分感谢赵立环、周宝明老师的帮助，其中有多次给了我重要的灵感，以及组员杨旭斌、刘承虎在整个过程中付出的努力。

周柯妤（二等奖获得者）

非常荣幸能够获得此次全国大学生纱线设计大赛的二等奖，这离不开组员们的努力和曹老师的悉心指导。我认为在科研的道路上，创新是能够引领发展的。创新，需要细心观察生活中的"痛点"；需要开放的创造性思维；需要敢想敢做的执行能力。

可穿戴电子设备是时下的热门话题，我们设想利用镀银锦纶长丝，赋予其不同的电阻以获得一柔性传感器。通过化学镀技术在锦纶长丝表面镀银提高锦纶长丝纤维的导电性能，并通过合股的股数不同及加捻程度不同来实现变电阻。同时，在设计织物时设计了不同的织物组织，通过改变织物的结构来获得导电织物各处的导电性差异。

无论是在医疗健康监测方面，还是运动、通信、航空航天等方面，可穿戴的电子设备都是未来的发展趋势。它能够提升人们的生活品质，能实时收集身体各项数据、管理健康、诊治疾病、为人类的健康保驾护航，具有较高的研究价值。

安邦华（三等奖获得者）

　　我是中原工学院纺织工程专业纺织 151 班学生，在大学期间能有机会参加 2017 年和 2018 年的全国大学生纱线设计大赛，并荣获得二等奖和三等奖，我非常激动与开心。大赛的整个准备过程以及参赛过程对我来说无疑是美好的回忆。

　　首先，我非常感谢指导老师叶静老师对我的帮助与指导，感谢纺织学院对比赛的重视和大力支持。如果没有他们的努力和付出，我们不可能取得这样的好成绩。其次，我也非常感谢一起奋战的同学，是他们的陪伴，让我倍感温暖，我们相互激励，相互帮助，共同为其准备着，这个经历使我毕生难忘。

　　比赛之前，总觉得自己专业知识不到位，对自己没多大信心。这两次大赛取得成功，不仅为学院增光添彩，同时也肯定了我们全体师生为大赛的付出，提高了我们的工程实践能力和创新能力。对我来说，大赛让我开拓了视野，让我对所学专业有了更深层次的体悟，让我对纺织工程这个专业有了进一步的了解。更重要的是，参赛纱线大赛的经历促使我更深入理解专业理论课程，并提升了专业自信心。在 2020 年天津工业大学研究生复试的面试过程中，因为参加大赛而经常呆在实验室，这使得我拥有了丰富的实验经验和扎实的专业课基础，在面试过程中，由于大赛的经历给了我充足的底气，我取得小组第一的好成绩！在学习和实践过程中，大赛的经历也给我提供了更多的灵感和创新想法，而且对于更多失败的作品，我学会了自我反省、总结经验和学习优秀的人，同时也加深了我对团队这一概念的深刻认识，培养了团队协作能力和管理能力。相对没有参加过比赛的同学，丰富的纱线大赛的经历不仅是提升自我的一个重要通道，而且扮演了我在大学中实现自我价值的一个重要角色，让我在面对以后的人生考验时显得更加从容与自信。在今后的学习生活和实习生活中，我会继续发扬优点，并努力弥补自己的不足，使自己更加完善，更具竞争力。

　　再次感谢为这次大赛付出努力的全体领导、老师与同学们！

（十）第十届全国大学生纱线设计大赛

1. 基本情况简介

"鲁泰杯"第十届全国大学生纱线设计大赛在青岛大学举行。该届大赛由中国纺织服装教育学会、教育部高等学校纺织类专业教学指导委员会主办，青岛大学承办，鲁泰纺织股份有限公司冠名并协办。

本次大赛共收到来自全国 19 所院校的 277 份参赛作品。2019 年 11 月 23 日，大赛召开了作品的初评会。青岛大学校党委副书记汪黎明教授、中国纺织服装教育学会副会长兼秘书长纪晓峰，以及来自东华大学、天津工业大学、江南大学、西安工程大学、青岛大学、中原工学院、嘉兴学院、德州学院、鲁泰集团、青岛宏大集团等纺织院校和企业的专家教授，参加了评审。会上，汪黎明副书记代表青岛大学向参加本次大会的领导、专家表示热烈的欢迎，对中国纺织服装教育学会和兄弟院校一直以来给予青岛大学的关心、支持表示感谢。纪晓峰副会长代表中国纺织服装教育学会讲话，对青岛大学积极承办本届赛事表示感谢，并简要介绍了中国纺织服装教育学会近年来在学科竞赛方面所做的工作，希望大家利用好这次展示与合作机会，进一步加强纺织类高校和企业间的交流学习，不断提升纺织类人才的培养质量，推进我国纺织行业的发展。

教育部高等学校纺织类专业教学指导委员会纺织工程分教指委副主任、青岛大学纺织服装学院副院长邢明杰教授介绍了参赛作品情况，纺织工程分教指委主任、东华大学纺织学院党委书记兼副院长王新厚教授主持了参赛作品的初评。

2019 年 12 月 16 日，中国纺织服装教育学会会长倪阳生、教育部高等学校纺织类专业教学指导委员会主任郁崇文等专家组成终评委员会，并对作品进行了终评，评出特等奖 8 项、一等奖 16 项、二等奖 40 项、三等奖 52 项。

图 10-1 初评会议

图 10-2 初评现场

2. 评委会名单

表 10-1 第十届全国纱线设计大赛终评委名单

姓名	单位
倪阳生	中国纺织服装教育学会
郁崇文	东华大学
孙润军	西安工程大学
荆妙蕾	天津工业大学
王春霞	盐城工学院
任家智	中原工学院
张梅	德州学院
赵洪	鲁泰集团
张守则	鲁泰集团
孙福纪	诸城市中纺金维纺织有限公司
薛元	江南大学
丁辛	东华大学
张尚勇	武汉纺织大学
邢明杰	青岛大学

3. 获奖名单

表 10-2 第十届全国大学生纱线设计大赛获奖名单

奖项	学校	作品名称	作者姓名	指导教师
特等奖（8项）	青岛大学	三千虹丝绕指柔——植物染赛络菲尔色纺纱	潘依诺、杨春冰、李炳义	姜展、张玉清
	嘉兴学院	双梯力感应纱	孙毅杰、吴颖芝、蔡懿枭	曹建达、张焕侠
	武汉纺织大学	内置灯芯草吸附性功能纱线的研制与开发	白洋、熊诗嫚、宋世文	夏治刚
	天津工业大学	基于废纺的抑菌除臭可降解菱形花式线	熊新月、朱宇轩、周泰森	赵立环、周宝明
	江南大学	生物质抗菌复合纱	顾瑶佳、张麟周、黄雯扬	刘新金、谢春萍、宋娟
	东华大学	东升余晖纱	王宇娴、何艺、王煜心	张玉泽、汪军
	盐城工学院	阻燃抗静电防辐射聚酰亚胺纤维复合导电纤维赛络菲尔耐磨纱线	白志强、韩禹、田斌	高大伟、崔红、林洪芹
	西安工程大学	"绿色"高能健美纱	张玉婷、张苗苗	宋红、王进美
一等奖（16项）	天津工业大学	夏日清凉抗菌防臭耐磨功能袜用紧密包缠纱	张莹洁、李倩	赵立环、周宝明
	南通大学	真牛皮边角碎料制高强力牛皮纱	陈婷婷、黎旭东、张春英	马岩
	青岛大学	系列AB差异纱	齐凯、王猛	赵明良、邢明杰
	天津工业大学	柔性导电抗菌环保包芯纱	张月华、陈紫微、罗蕙敏	周宝明、赵立环
	嘉兴学院	舒尔纱	代琼香、闫国翠、郑晓钰	曹建达、张焕侠、陈伟雄
	东华大学	黄金海岸线——节中节三色段彩长短纤维混纺纱	刘译雯、黄子欣、李妍	张玉泽、曾泳春
	中原工学院	"月白竹青"精梳天丝/染色棉紧密错位纺双丝包芯段彩纺	闫玲玲、顾光辉、史梦晗	叶静

一等奖 （16项）	天津工业 大学	抗菌抑菌红外保健透气透湿 亲肤滑爽型石墨烯改性兔毛 混纺环锭纱	罗雅煊、解泽越	张毅、周宝明、 赵立环
	天津工业 大学	除臭保健抑菌三色圈圈纱	梁金辉、徐朱义、 张崇智	赵立环、周宝明
	德州学院	基于涡流纺技术的原液着色 莫代尔/蛋白石花式纱	张亭亭、由资、 王美芳	张梅
	西安工程 大学	废旧牛仔/涤纶织物的华丽转生： 一种复合材料用高强力混纺纱	于希晨、张聪、 陆琳琳	樊威
	东华大学	亚麻/锦纶/莫代尔纤维湿法 混纺染色纱的设计开发	张紫云、白子敬、 张馨月	张斌、郁崇文
	武汉纺织 大学	多疵点难纺原料斜位捕捉式 复合纱线	宋世文、熊诗嫚、 白洋	夏治刚
	德州学院	超细莫代尔/超细干法腈纶/ 丝光羊毛(50/40/10)11.8tex 混纺赛络紧密纱	赵文潇、伊光辉	李梅
	德州学院	18.5tex天茶纤维/原液着色黏胶 多色彩嵌入式紧密段彩纱	韩瑞娟、隋成玲、 于丹	张会青
	天津工业 大学	用于装饰面料的阻燃吸附 透气耐磨纱线	赵润德	彭浩凯
二等奖 （40项）	德州学院	棉纱上的彩虹桥 ——扎经多色段染纱的设计	张馨儿、李铭、 杨梦彤	张会青
	德州学院	太极石纤维保健抗起球涡流 针织纱	杜秋萍、孙晓凡、 李铭	张会青
	德州学院	紫檀染黏胶/莫代尔/棉纤维生态 抗菌美容混纺渐变纱	邹蒙、颜香凝、 熊建宏	朱莉娜、李梅
	德州学院	再生羽毛蛋白纤维混纺纱线的 设计开发	赵文靖、陈妤、 宋仪佳	张伟
	德州学院	一种清凉抗菌环保纱	马梦琪、张志萍、 崔祥青	张伟、曲铭海
	德州学院	基于粗纱竹节技术珍珠纤维/ 丽赛纤维涡流花式纱	沈文艳、张亭亭、 张雨晨	杨洪芳、张梅
	德州学院	涡流纺黏胶滤尘的再利用-天丝/ 羊绒/黏胶涡流点子纱的设计	韩瑞娟、杨梦彤、 张馨儿	张会青

	德州学院	生物基聚酰胺/再生涤/二醋酯紧密赛络纺纱——二醋酯纤维的"新征程"	张馨儿、杨梦彤、王晓均	张会青
	德州学院	低碳减排牛角瓜绒/有机海藻纤维/咖啡碳除螨抑菌保暖功能浅灰纱	于丹、韩缤、张鹏飞	王静
	德州学院	原液着色莫代尔/蛋白石纤维/不锈钢纤维抗静电保健紧密赛络段彩纱	杨光玉、叶玉清、吴天昊	张梅
	东华大学	高强增韧防刺割纱	曹颖、黄岸纯、李仁智、杜哲	孙晓霞
	东华大学	弄色木槿	唐格、唐静静、韩文静	汪军、曾泳春
	湖南工程学院	多云——阴晴之间	陈舒婷、张琪、臧阳	刘常威、冯浩
	嘉兴学院	掺杂氧化石墨烯复合纳米纤维纱——山霭	侯雪梅、曹竹燕	詹建朝
二等奖（40项）	嘉兴学院	弹力幻彩圈圈纱	姜家乐、胡庭芬	汪蔚、敖利民
	嘉兴学院	5级抗起球户外针织用纱	徐枫、陈文君、马梦婷	沈加加
	南通大学	棉秸秆纤维色纺纱产品开发	祝林清、潘希恒、周嘉铖	董震
	青岛大学	植物染超柔软紧密纱	陈紫豪、刘晓懿、李嘉	张玉清、姜展
	青岛大学	"煦色韶光"植物染环保纱线	卢宇迪、见雅倩、金春峰	姜展、张玉清
	青岛大学	海天一色——植物染环保纱线	张越、董晓曼、尚英成	姜展、郭肖青、张玉清
	太原理工大学	43.8tex天然深灰色超细羊毛/羊驼绒(60/40)涤纶高弹丝环保紧密纺包芯纱	白汶亚、吴宝珠、李青玲	刘月玲、张永芳
	天津工业大学	吸附重金属抗菌保湿可降解雪尼尔纱线	池秀云、梁梦缘、马晓菲	赵立环、周宝明
	武汉纺织大学	黄金纱＆黑金纱	苏子毅	刘可帅

二等奖（40项）	武汉纺织大学	不锈钢丝/棉/PEC摩擦纺复合纱	喻丽湘、王羽、唐嘉妮	柯贵珍、刘可帅
	西安工程大学	"碧海蓝天"牛仔弹力包芯纱	贺思佳、赵鹏、王珊	宋红
	西安工程大学	温暖记忆	雷晓甜、侯爽	宋红、李龙
	西安工程大学	"国泰民安"晚霞色盘	赵鹏、王珊、贺思佳	宋红
	西安工程大学	家居布艺用泼墨棉麻竹节纱	莫超有、姚铭毅、李志虎	吴磊、尉霞
	西安工程大学	瑞云醉——Fe^{3+}识别多功能段彩纱	薛懂明、王泳智、卢哲	陈莉、钱现、宋红
	西安工程大学	"一剑双雕"剑麻/棉混纺纱	王梦珂、杨芝瑞、邵慧敏	孙小寅、宋红、吴磊
	西安工程大学	普罗旺斯	闫姣儒、吴迎、张婷婷	宋红、陈莉
	盐城工学院	抗菌保暖吸湿耐磨复合嵌入式双丝纱	孔金丹、王雨、刘晓玉	林洪芹、崔红、郭岭岭
	盐城工学院	吸湿透气/抗菌防臭/无静电/可降解铜氨天丝多组分混纺赛络纱	孙海鹏、李文杰、谭嘉鑫	宋孝滨、崔红、毕红军
	盐城工学院	绿色生态蓄热保暖抗菌消炎防紫外远红外多功能短纤包缠纱	秦一倩、袁嘉欢、张星蓉	崔红、吕立斌、林洪芹
	盐城工学院	阻燃抗菌保暖舒适草珊瑚纤维混纺紧密纱	章红豆、方润	崔红、林洪芹、郭岭岭
	盐城工学院	多组份赛络纺复合金丝纱	唐亚林、邵秋、倪荣礼	林洪芹、郭岭岭、崔红
	盐城工学院	落日熔金—银嵌草珊瑚包缠纱	王乔逸、潘雪茹	崔红、林洪芹、宋孝浜
	浙江理工大学	抗菌易去污的大肚遮覆纱	张陈恬、项国富、邓倩囡	赵连英
	中原工学院	高支精梳天丝喷气纺纱线的开发	岳孟源、柳亚龙、石璐璐	汪清、冯清国
	中原工学院	废边纱创新设计	张志茹、张青松、丁冬青	张迎晨

	安徽工程大学	草珊瑚纤维/蚕蛹蛋白/涤纶混纺纱	汪申伟、朱紫青、严钰诚	闫红芹
三等奖（52项）	德州学院	抗菌促血液循环艾草纤维/MODAL/富氧负离子植物混纺AB纱	颜香凝、邹蒙、纪新新	朱莉娜、李梅
	德州学院	麻赛尔纤维/天丝纤维赛络紧密色纺纱	任恩泽、邢学丽、徐彤	王秀燕
	德州学院	天丝纤维/玉石纤维/牛奶蛋白纤维AB花式纱	邢学丽、张秋月、宋美月	王秀燕
	德州学院	棉/氨纶/珍珠纤维/抗紫外线涤纶混纺竹节纱	李苏文、陈双双、王玲铸	马洪才
	德州学院	牛奶纤维/醋酸纤维/羊绒转杯纱	杨艳明、张守杰、王晓均	张会青
	德州学院	有机棉/腈纶/石墨烯纤维抗菌保温功能纱线	张誉严、陈凯	姜晓巍
	德州学院	抗起球腈纶/光致热导电腈纶/莫代尔(60/4/36)11.8tex混纺赛络紧密纱	伊光辉、赵文潇	李梅
	德州学院	原液着色莫代尔/艾草环保抗紫外线涡流混纺纱	张亭亭、任恩泽、陈凯	张梅、王秀燕
	嘉兴学院	苎麻/有色涤纶"免浆免染免刺痒"包缠复合段彩纱	泮丹妮、袁周涣、项复玉	汪蔚、敖利民
	嘉兴学院	牛皮胶原纤维混纺生物保健转杯纱及其聚乳酸纤维包缠复合纱	杨永芳、徐清清、熊瑶	孙世元、敖利民
	嘉兴学院	晚·空	李成晋、尹燕萍	杨恩龙、陈伟雄
	嘉兴学院	等线密度段彩纱——春意	张叶丽、钟菁、王秋硕	陈伟雄、杨恩龙
	嘉兴学院	藕断丝连	詹晶晶、章李红、杨妮	陈伟雄
	江南大学	幻影	王卓、江洋、王鑫	杨瑞华、苏旭中、谢春萍
	江南大学	功能性多组分短纤/长丝包缠纱及工装面料开发	单梦琪、孙娜、刘帅	徐阳、孙喜平

	闽江学院	锦纱"蚕"花光	陈玲玲、宋艳清、钟晨雅	倪海燕、李永贵
	内蒙古工业大学	水溶维纶伴纺耗牛绒	张鑫、孙岩、孔祥晖	王利平
	山东理工大学	耐氯漂低降强型聚烯烃/棉高弹复合纱线	丁威、赵凯迪、乔志洁	姜兆辉
	山东理工大学	涤纶基石墨烯导电吸湿排汗纱线	乔志洁、丁威、高国慧	姜兆辉
	苏州大学	异形PET涡流纺包芯纱的开发	李煜炜	张岩
	太原理工大学	骆驼绒/芳砜纶(60/40)无染色浅驼色阻燃功能紧密纺纱线的研发	郭文	刘月玲、张永芳
	太原理工大学	38.2tex超细羊毛/牦牛绒/芳砜纶(40/30/30)涤纶长丝无染色浅灰色紧密包芯纱	李青玲、吴宝珠、白汶亚	刘月玲、张永芳、尚文静
	太原理工大学	40tex骆驼绒/牦牛绒/芳砜纶/(40/40/20)天然环保深咖色紧密纺阻燃功能纱线	吴宝珠	刘月玲、张永芳
三等奖（52项）	太原理工大学	32.8tex骆驼绒/兔绒/芳砜纶/(40/40/20)涤纶长丝无染色浅棕色阻燃功能紧密包芯纱线	吴宝珠、郝海燕	刘月玲
	太原理工大学	36.4tex牦牛绒/羊驼绒(45/55)涤纶长丝零污染天然麻灰色赛络菲尔紧密纺纱线	赵窈、畅琪琪、李琪	刘月玲、张永芳
	天津工业大学	抗菌止血清凉透气多孔道AB纱	施梦霄、王婷婷、单婧婷	周宝明、赵立环
	天津工业大学	电磁屏蔽防紫外线阻燃抑菌的流光溢彩复合花式线	孟洁、王亚威、梁无忧	赵立环、周宝明
	天津工业大学	抗菌防紫外线保健亲肤双色复合圈圈线	杨扬、马超、陈时阳	赵立环、周宝明
	天津工业大学	抑菌透气导电防电磁辐射镀银氨纶长丝紧密包芯纱	王艺云、张诗箐、吕晓双	赵立环、周宝明、彭浩凯
	天津工业大学	透气亲肤抗菌防辐射的保健型包芯纱	陈玺、武晨光	周宝明、赵立环

	武汉纺织大学	一种保暖吸附功能微球内置式复合纱线的设计与开发	熊诗嫚、白洋、宋世文	夏治刚
	西安工程大学	光触媒/竹炭纤维吸附纱	薛懂明、王泳智、卢哲	陈莉、钱现、宋红
	西安工程大学	石墨烯复合抗菌纱设计	李珍珍、邹娜、吕琦	黎云玉、邓恩征
	西安工程大学	"浓墨重彩"多功能复合赛络纺纱	许宇真、康花、付崇	高婵娟
	西安工程大学	霞光暮霭——中药染棉麻渐变色纱	李志虎、莫超有、姚铭毅	吴磊、张弦
	西安工程大学	"月影婆娑"阻燃系列纱线	张苗苗、张玉婷、高兴云	宋红
	西安工程大学	戈壁风情——天丝/蚕丝/羊绒/苎麻赛络纱	吴蒙、曹涵琳、曹颖	李龙、吴磊
三等奖（52项）	盐城工学院	抗菌保健赛络菲尔竹节导电纱	金陈、李露红、莫年格	崔红、林洪芹、宋孝浜
	盐城工学院	负离子竹薄荷纤维抗菌抗紫外线赛络菲尔纱	张胜鸾、田家龙、周建虎	邱文娟、崔红、郭岭岭
	盐城工学院	导电阻燃易洗快干舒适耐磨多功能保健型赛络菲尔紧密纱	张烨晟、张子恩、刘泽辉	高大伟、崔红、林洪芹
	盐城工学院	远红外抗菌多组分嵌入式复合纱	王伟、逯子凡、吴前锋	高大伟、崔红、毕红军
	盐城工学院	吸湿排汗阻燃抗菌聚酰亚胺纤维混纺纱	魏月媛、崔红莲	崔红、高大伟、毕红军
	盐城工学院	透气吸湿抑菌抗静电天然环保耐磨纱	顾盈、鲍滨雨	高大伟、崔红、林洪芹
	盐城工学院	金银丝复合嵌入抗菌保健纱	张键、张鑫林	崔红、毕红军、高大伟
	盐城工学院	桑皮纤维混纺阻燃抗菌亲肤保健转杯纱	张鑫林、张键	崔红、郭岭岭、林洪芹
	盐城工学院	吸湿排汗的十字涤纶/棉/波斯纶紧密纺纱	宋成智、鱼艺斌、施俊杰	林洪芹、吕立斌、崔红
	中原工学院	棉麻弹力竹节纱	柳亚龙、石璐璐、简猛	汪青、冯清国
	中原工学院	"拨云见日"多组分粗纱法紧密赛络纺风格纱	闫玲玲、赵文浩、史梦晗	叶静

三等奖 （52项）	中原工学院	"庄生梦蝶"精梳/天丝染色棉 紧密赛络纺双丝包芯纱	闫玲玲、张雄雄、 陈雨	叶静
	中原工学院	"紫气东来"MicroModal/ 染色棉紧密错位纺段彩纱	赵文浩、闫玲玲、 张雄雄	叶静
	中原工学院	"烟火尘埃"四组分紧密纺 双AB纱	赵文浩、史梦晗、 吴奇龙	叶静

表 10-3 优秀指导教师获奖名单

学校	优秀指导教师
东华大学	张玉泽
天津工业大学	赵立环、周宝明
江南大学	刘新金
武汉纺织大学	夏治刚
西安工程大学	宋红
中原工学院	叶静
嘉兴学院	曹建达
德州学院	张会青、张梅
太原理工大学	刘月玲
盐城工学院	高大伟、崔红、林洪芹
青岛大学	姜展

表 10-4 最佳组织奖名单

奖项	院校
最佳组织奖	天津工业大学
	武汉纺织大学
	西安工程大学
	中原工学院
	嘉兴学院
	德州学院
	太原理工大学
	盐城工学院
	青岛大学

图 10-3 颁奖典礼

图 10-4 特等奖颁奖合影

图 10-5 评审专家与获奖学生代表合影

图 10-6 获奖师生合影

4. 部分获奖作品介绍

特等奖

（1）**作品名称：** 三千虹丝绕指柔——植物染赛络菲尔色纺纱（图 10-7）

作品单位： 青岛大学

作者姓名： 潘依诺、杨春冰、李炳义

指导教师： 姜展、张玉清

创新点： 采用植物染莫代尔纤维作为原料，将不同颜色的纤维按照一定比例进行混合，经过纺纱工序，形成一种新的色纱。采用了赛络菲尔纺的纺纱方式，增加了纱线强力和弹性，提高了纱线光泽，减少断头率，有利于细纱速度的提高，节约了成本。纱线结构也更加独特，充分发挥了两种纤维的性能和特点。

植物染赛络菲尔色纺纱采用植物染莫代尔纤维作为原料，不同种颜色的纤维按照一定比例进行混合，经过纺纱工序，形成一种新的色纱。采用了赛络菲尔纺的纺纱方式，增加了纱线强力和弹性，提高了纱线光泽，减少断头率，有利于细纱速度的提高，节约了成本。纱线结构也更加独特，充分发挥了两种纤维的性能和特点。

植物染纤维安全度数高，即使掉色也不会造成危害。而且我们的纺纱方式采用的是赛络菲尔纺，因为长丝的加入所以增加了成纱强力和弹力，提高了纱线的光泽，减少了断头率，有利于细纱和络筒速度的提高，减少了成本。纱线结构也更加独特，长丝和短纤均能体现出来，有利于发挥两种纤维的性能和特点。

（2）作品名称： 双梯力感应纱（图 10-8）

作品单位： 嘉兴学院

作者姓名： 孙毅杰、吴颖芝、蔡懿枭

指导教师： 曹建达、张焕侠

创新点： 双梯力感应纱是基于智能纺织品所设计的一种电阻式纱线传感器。通过导电纱线电阻变化来感应外界因素（如拉伸、挤压、弯曲等）的影响。纱线主要采用包缠纱的方式，与已有的以包缠纱为基础的纱线传感器不同，本作品中包含两根导电纱，其电阻组成包含长度电阻与接触电阻，在不同力的作用下，呈现的电阻变化不同。将这种纱线应用于智能织物中，当纱线受到外界因素影响能够引起纤维之间的电阻发生突变，通过信号发射器发送至手机 / 电脑等处理后得到反馈，能够设计出互动性良好的智能服装。

成纱为采用二次包覆的包缠纱，芯纱为镀银锦纶，一次包覆的外包纱线为黑色涤纶 DTY，二次包覆的纱线同为镀银锦纶，涤纶包覆捻向为 S 捻，镀银锦纶为 Z 捻，两者捻度相同，成纱结构紧密，断裂强度高，风格为微闪的黑银色纱线。

适用范围： 智能服装。

专家点评： 本作品采用空心锭包覆机两次包缠工艺，镀银锦纶纱为芯纱，一次包覆选用普通不导电纱线，二次包覆选用镀银锦纶，这种组合使得两根镀银锦纶不完全接触，其接触电阻的起始值较大，可以有效增大检测挤压力的范围和灵敏度，且可有效避免因外界因素使得纱线断裂等情况而导致不可维修的传感器损坏。纱线在原料选择上避免了现有电阻式纱线传感器中使用金属导电纱易断裂、易氧化等缺点，并且可以通过调整捻度和普通纱线种类的方式，改变纱线的手感及性能需求，使得其应用在织物上时的柔软性和可穿戴性上有了很大的调整空间。用该纱线制织的机织物，不同受力导致电阻变化的不同，可以定位受力点，并且赋予受力点一定的信息，利用这一特征能够制备出相当于织物薄厚的键盘、便携式动作检测器等。作品设计创意有一定新颖性，但实际应用效果（灵敏度、精度、可靠性、安全性等）还有待进一步检验。

图 10-7 三千虹丝绕指柔——植物染赛络菲尔色纺纱

图 10-8 双梯力感应纱

（3）作品名称： 内置灯芯草吸附性功能纱线的研制与开发（图 10-9）

作品单位： 武汉纺织大学

作者姓名： 白洋、熊诗嫚、宋世文

指导教师： 夏治刚

创新点： 本实验提出无纺布条带纺纱技术，纺黏无纺布是将大量纤维铺网后，经简单梳理、采用热压将纤维加固形成的纺织品材料。将无纺布材料进行裁剪，制备成纤维网条带，经过加捻可以使无纺布纤维形成类似于短纤纱线的圆柱状抱合式纤维线性体，这种无纺布条带与传统纺纱原理的结合，使纱线具有一定机械性能，给纱线提供了强力支撑。

根据灯芯草茎髓质量轻，线性长度良好的特点，将灯芯草茎髓与粘性条带复合，然后喂入两层无纺布条带中间，采用粗纱机加捻抱和成纱，探究纱线织物的吸附性能。

围绕包芯纺研制改进设备，不拘泥于常规细纱机上的包芯纺，将灯芯草茎髓预成型，无纺布条带包覆，将装置与粗纱机结合起来，使灯芯草茎髓与无纺布形成芯鞘结构，构建模型和理论，开创出一种新型的包芯纺纱思路。不断优化纺纱理论和工艺参数，生产加工出高功能复合纱线，研究复合纱线和面料的结构性能。技术路线清晰明确，逻辑性、可行性强。

适用范围： 高功能复合纱线。

（4）作品名称： 基于废纺的抑菌除臭可降解菱形（图 10-10）

作品单位： 天津工业大学

作者姓名： 熊新月、朱宇轩、周泰森

指导教师： 赵立环、周宝明

创新点： 本设计纱线采用黏胶纤维、聚乳酸纤维和回收棉纤维混纺的粗纱作为成纱芯部，使成纱手感柔软、吸湿透气，且具有良好的亲肤性。采用两个捻向包缠不同颜色的甲壳素与竹炭长丝，为成纱带来抑菌除臭的功能、独特的菱形外观及优美的颜色搭配效果。整体具有其他纱线不能比拟的天然优势。

适用范围： 可广泛应用于开发针织外套、手套、围巾等服用产品，也可用于制作坐垫、地毯、沙发套等家用纺织品。

市场前景： 本设计纱线在原料选配上采用了废弃织物，践行了废旧纺织品回收再利用的环保理念。成纱可降解，实现了绿色发展的环保理念，具有较为广阔的市场价值与应用前景。

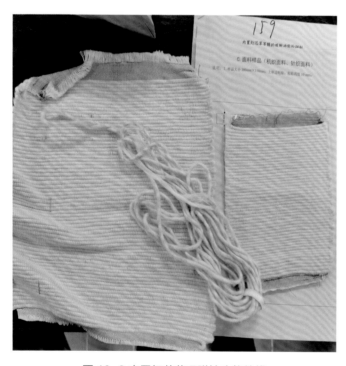

图 10-9 内置灯芯草吸附性功能纱线

图 10-10 基于废纺的抑菌除臭可降解菱形花式线

（5）作品名称： 生物质抗菌复合纱（图 10-11）

作品单位： 江南大学

作者姓名： 顾瑶佳、张麟周、黄雯扬

指导教师： 刘新金、谢春萍、宋娟

创新点： 聚羟基丁酸羟基戊酸共聚酯（PHBV）是一种由微生物合成的脂肪族聚酯，具有生物可降解性和良好的生物相容性，它由细菌生产，能被细菌消化，在土壤或堆肥化条件下完全分解为二氧化碳、水和生物质，而后经植物光合作用，水和二氧化碳可再形成淀粉类物质，又可为聚乳酸的合成提供原料从而实现"源于自然，归于自然"的碳循环，同时聚乳酸具有抑菌作用不会给环境带来污染。

适用范围：主要适用于服装、抗菌面料。

市场前景：可实现"源于自然，归于自然"的碳循环，符合绿色环保的要求，同时具有抗菌作用，可广泛用于服装面料和抗菌织物，有良好的市场前景。

（6）**作品名称：**东升余晖纱（图 10-12）

作品单位：东华大学

作者姓名：王宇娴、何艺、王煜心

指导教师：张玉泽、汪军

创新点：

①利用转杯纺的智能纺纱功能获得色彩变化不确定的花式纱线，通过调整喂入转杯纤维条的数量获得竹节纱。

②实现了纱线颜色随机变化和竹节规律变化的结合，纱线外观多变，布面色彩丰富、立体感强。

适用范围：主要适用于服装、装饰用面料。

市场前景：基于最新的双分梳转杯纺技术，突破了花式纱只能用环锭纺纺制的桎梏，且所纺花式纱的风格与环锭纺花式纱的风格明显不同。

专家点评：该作品主要应用了双分梳辊的转杯纺纱机，通过改变分梳辊的喂入，使喂入条子（的定量）也相应改变，从而使成纱获得竹节。本作品还采用了不通颜色的条子喂入，使竹节具有彩色外观，更突出了竹节的效应。由于成纱机理的原因，转杯纱的竹节与环锭纱有较大的不同。本作品的转杯彩色竹节纱具有独特的花色效应。并通过织物得到了良好的展示。

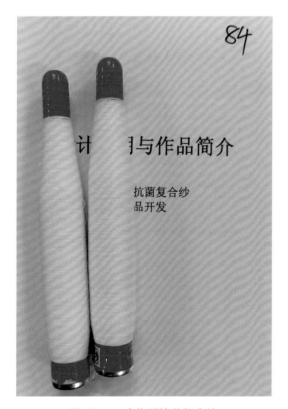

图 10-11 生物质抗菌复合纱

图 10-12 东升余晖纱

（7）作品名称：阻燃抗静电防辐射聚酰亚胺纤维复合导电纤维赛络菲尔耐磨纱线（图 10-13）

作品单位：盐城工学院

作者姓名：白志强、韩禹、田斌

指导教师：高大伟、崔红、林洪芹

创新点：本设计通过在并条工序将聚酰亚胺／芳纶导电纤维进行混纺制成多组分的粗纱，通过加入一根锦纶长丝进行赛络菲尔复合纺纱纺成复合纱，所纺纱线具有阻燃、抗静电、防辐射、耐摩擦的特性，而且赋予织物保健性强、促进人体血液循环、改善人体细胞供血状态的特性等功能，可直接用于具有阻燃抗静电以及防辐射功能的纺织品设计。

适用范围：用于具有阻燃抗静电以及防辐射功能的纺织品设计。

（8）作品名称："绿色"高能健美纱（图 10-14）

作品单位：西安工程大学

作者姓名：张玉婷、张苗苗

指导教师：宋红、王进美

创新点：

①"绿色"高能健美纱采用石墨烯，相变微胶囊智能调温纤维，棉纤维与氨纶长丝混纺而成，由它织成的织物具有亲肤透气、热湿舒适性好、抗菌抑螨、抗紫外线、防蚊、高弹性回复性、优良延展性等特性；

②纱线制作技术、工艺流程优于普通包芯纱线。该纱相比于传统的包芯纱在纱线性能方面凸显优势；

③采用植物染料黄栀子将纤维直接染色，植物染料绿色环保，无毒无害。

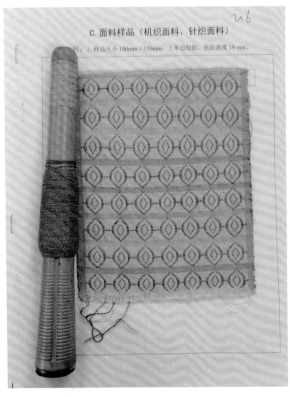

图 10-13 阻燃抗静电防辐射聚酰亚胺纤维复合导电纤维
赛络菲尔耐磨纱线

图 10-14 "绿色"高能健美纱

一等奖

（1）**作品名称：** 夏日清凉抗菌防臭耐磨功能袜用紧密包缠纱（图 10-15）

作品单位： 天津工业大学

作者姓名： 张莹洁、李倩

指导教师： 赵立环、周宝明

创新点：

①此纱线是以薄荷纤维（44%）、竹代尔纤维（32%）、活性炭纤维（24%），以锦纶长丝（90D）为芯纱，外包薄荷纤维 / 竹代尔 / 活性炭纤维的紧密包芯纱。使纱线耐磨性进一步提升，实用性增加；

②纱线采用紧密纺纺制，毛羽少，制得织物不易起毛起球，外观成形良好，可制高档面料；

③薄荷纤维、竹代尔纤维来源广泛且环保，可降解，满足大众对健康、绿色的追求。

适用范围： 混纺出的纱线制得的纺织品具有良好的耐磨性，舒适性，抗菌防螨性，吸湿透气性，有保健功效，还可以抗紫外线，另外抗皱性，悬垂性良好，织物外观成型好，可降解。

（2）**作品名称：** 真牛皮边角碎料制高强力牛皮纱（图 10-16）

作品单位： 南通大学

作者姓名： 陈婷婷、黎旭东、张春英

指导教师： 马岩

创新点：

①将难以纺纱的超短牛皮短纤维（2~10mm）采用特殊的摩擦纺纱工艺成功纺制出高强力、透气好、使用寿命长的超短牛皮纤维的包芯混纺纱线，芯纱为低伸高强涤纶长丝，外包短纤维为超短牛皮纤维、热熔纤维及涤纶短纤维的混合纤维，利用摩擦加捻纺形成超短牛皮纤维的混纺包芯纱线；

②采用该纱线所获得的皮革基布具有良好的拉伸性能及撕破强力。

适用范围： 皮革基布。

市场前景： 采用该纱线织造获得的皮革基布具有良好的拉伸性能机撕破强力，并且拥有织物结构的皮革基布具有更好的透气性。

图 10-15 夏日清凉抗菌防臭耐磨功能性紧密纺包芯纱　　　　图 10-16 真牛皮边角碎料制高强力牛皮纱

（3）作品名称：系列 AB 差异纱（图 10-17）

作品单位：青岛大学

作者姓名：齐凯、王猛

指导教师：赵明良、邢明杰

创新点：AB 纱指以两种纺织原料分别纺出对应粗纱，于细纱机上两根粗纱同时喂入喇叭口，经牵伸加捻成纱。它不同于混纺纱，两种纤维沿成纱纵向呈螺旋状分布。色纺 AB 纱直接使用有色纤维纺纱，因此从纤维到纱线再到织物的过程不需要经过染色流程，对环境不会造成污染，符合绿色环保的理念。

适用范围：适用于多种布料，如 T 恤和内衣。

（4）作品名称：柔性导电抗菌环保包芯纱（图 10-18）

作品单位：天津工业大学

作者姓名：张月华、陈紫微、罗蕙敏

指导教师：周宝明、赵立环

创新点：

①采用工业常用不锈钢纤维来制备医用智能服装。由于不锈钢纤维是金属纤维，导电性能永久稳定；

②以不锈钢纤维为芯纱，外包大豆纤维 / 甲壳素纤维 / 聚乳酸纤维，同时具有四种纤维的优点；

③所选纱线来源丰富，十分环保，对环境友好。

适用范围：医用智能服装。

市场前景：由此种纱线所织得的织物具有永久稳定的导电性、防辐射、穿着舒适性、抗菌防臭及环保功能，同时有着羊绒般的柔软手感，蚕丝般的柔和光泽，优于棉的保暖性和良好的亲肤性等优良性能。

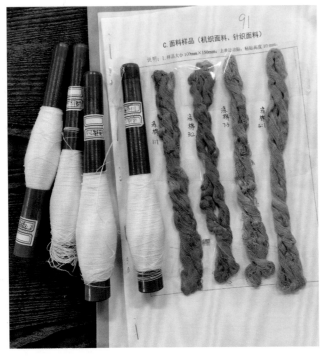

图 10-17 系列 AB 差异纱

图 10-18 柔性导电抗菌环保包芯纱

（5）作品名称： 舒尔纱（图 10-19）

作品单位： 嘉兴学院

作者姓名： 代琼香、闫国翠、郑晓钰

指导教师： 曹建达、张焕侠、陈伟雄

创新点： 蚕丝的拉伸强度、韧性和可纺性较差，将蚕丝、棉、羊绒这三种天然纤维进行混纺，以弥补纤维单独纺纱可纺性较差这个缺陷，希望通过多纤维混纺弥补不同纤维的缺点，充分发挥各纤维的优异性能，改善纱线综合性能，以此设计出一种贴合肌肤、舒适的面料。

本作品由 70% 蚕丝、15% 棉及 15% 羊绒混纺而成，利用赛络纺，通过控制罗拉速比，使纱线横截面和长度方向呈现不同色彩组合。

适用范围： 适用于制成贴身内衣及透气的时尚休闲服。

市场前景： 本设计的亲肤、吸湿透气、抑菌、保健功能的纱线可做贴身服装。

图 10-19 舒尔纱及其织物

（6）**作品名称：** 黄金海岸线——节中节三色段彩长短纤维混纺纱（图 10-20）

作品单位： 东华大学

作者姓名： 刘译雯、黄子欣、李妍

指导教师： 张玉泽、曾泳春

创新点：

①基于最新的双分梳转杯纺技术，突破了花式纱只能用环锭纺纺制的桎梏，且所纺花式纱的风格与环锭纺花式纱的风格明显不同。

②本作品为棉型黏胶纤维（33mm）和中长型聚酰亚胺纤维（55mm）的混纺纱，解决了传统纺纱两种长度性能差异较大的纤维无法成纱的难题。黏胶纤维和聚酰亚胺纤维的混合，不仅增加了成纱的强力和竹节部位的耐磨性，还提高了纱线的阻燃性能。

③采用的是节中节段彩，与现有花式纱相比纱线色彩更加丰富，纱线在布面上的立体感更加强烈，也极大地拓展了所纺织物的使用范围。

适用范围： 可广泛应用于服装时尚面料、家纺产品、装饰品面料。

市场前景： 色彩更加丰富，纱线在布面上的立体感更加强烈，也极大地拓展了所纺织物的使用范围。本产品前期已与相关企业合作进行过充分的市场调研，也已证明本产品具有广泛的市场前景。

图 10-20 黄金海岸线——节中节三色段彩长短纤维混纺纱

（7）**作品名称：** "月白竹青"精梳天丝/染色棉紧密错位纺双丝包芯段彩纺（图 10-21）

作品单位： 中原工学院

作者姓名： 闫玲玲、顾光辉、史梦晗

指导教师： 叶静

创新点：

①采用绿色原料 Tencel，绿色环保，进而增加了纱线的光泽，提高纱线质量。

②在普通段彩纱的技术基础上利用紧密错位纺，改善了段彩纱的成纱质量，减少了毛羽，提高了成纱强力。

③采用涤纶、氨纶双丝作芯纱，增加了纱线的强力和弹力，使段彩纱具有更多的风格特性。

市场前景： 将紧密纺、错位纺、包芯融入段彩纱中，使纱线具有多种特性；采用多种原料成分可以使纱线，取长补短，同时具备多种优良性能；作品采用颜色独特的风格纱，使织物看起来层次分明，具有自己风格的色彩和风格。

（8）作品名称： 抗菌抑菌红外保健透气透湿亲肤滑爽型石墨烯改性兔毛混纺环锭纱（图 10-22）

作品单位： 天津工业大学

作者姓名： 罗雅煊、解泽越

指导教师： 张毅、周宝明、赵立环

创新点： 作品使用的石墨烯改性兔毛纤维为实验室自制，其优势一方面体现在纤维原料本身为一种天然兔毛纤维，扩大了石墨烯和纤维本身的利用价值；另一方面，石墨烯改性兔毛纤维在纺纱过程中能减少静电的产生，提高摩擦性能，降低纺纱的难度。此外还提供一种新的兔毛纤维接枝石墨烯的制备方法，且在处理过程中未使用任何强腐蚀与污染环境的物质，环保安全。

适用范围： 可作为秋冬毛衣物、贴身内衣、袜子等使用。

市场前景： 由此纱线织造而成的纺织品可作为秋冬毛衣物、贴身内衣、袜子等使用，提高了市场应用价值，顺应当前纺织面料"舒适化、时尚化、环保化、多元化、多功能化"的发展趋势。

 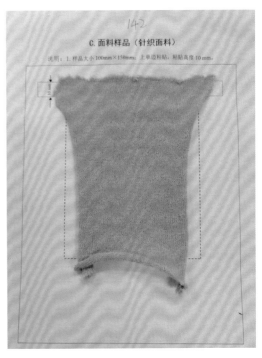

图 10-21 "月白竹青"精梳天丝，染色棉紧密错位纺双丝包芯段彩纺　　图 10-22 抗菌抑菌红外保健透气透湿亲肤滑爽型石墨烯改性兔毛混纺环锭纱

（9）**作品名称：** 除臭保健抑菌三色圈圈纱（图 10-23）

作品单位： 天津工业大学

作者姓名： 梁金辉、徐朱义、张崇智

指导教师： 赵立环、周宝明

创新点：

①采用三种颜色的粗纱做饰纱纺制圈圈纱，所得纱线外观具有色彩缤纷的立体效果，色彩新颖。

②以涤纶长丝为芯纱，羊毛／腈纶／锦纶、棉／罗布麻／活性炭、莫代尔／棉纤维为饰纱，锦纶长丝固纱的圈圈纱，具有多种纤维及圈圈纱的优点。

适用范围： 保健、除臭、抗静电、保暖、抑菌、不怕虫蛀、防紫外线、织物手感滑爽、吸湿快干、易护理、生态环保等。

图 10-23 除臭保健抑菌三色圈圈纱

（10）**作品名称：** 废旧牛仔涤纶织物的华丽转生：一种复合材料用高强力混纺纱（图 10-24）

作品单位： 西安工程大学

作者姓名： 于希晨、张聪、陆琳琳

指导教师： 樊威

创新点： 利用废旧牛仔织物和涤纶织物制备废旧牛仔纤维和废旧涤纶纤维，将二者进行混纺制备成可用于复合材料增强体的纱线。

本作品采用机械回收法，对废旧牛仔／涤纶织物进行开松处理后得到废旧纤维，将废旧纤维通过纺纱工艺混纺，制备废旧牛仔纤维／废旧涤纶纤维混纺纱线，进而合股并经过设计织造三维织物预制件，制备的三维织物预制件可和树脂结合，通过固化工艺制备纤维增强复合材料。

适用范围：可广泛应用于工业、建筑、汽车等领域。

市场前景：为废旧纺织品的回收利用提供新的思路，满足绿色环保经济可持续发展战略，具有重要的环境效益、经济效益和社会效益。

专家点评：本作品立足资源的充分利用和减轻环境负担，对废弃的牛仔和难以降解的涤纶织物进行分解，所获得的纤维制作的纱及织物，用作纺织复合材料的增强体，用于建筑、汽车等领域。该作品体现了学生对废弃纺织品再利用的关注，展示了培养学生对环境保护和可持续发展等理念的效果。

（11）作品名称：亚麻/锦纶/莫代尔纤维湿法混纺染色纱的设计开发（图10-25）

作品单位：东华大学

作者姓名：张紫云、白子敬、张馨月

指导教师：张斌、郁崇文

创新点：

①将天然纤维亚麻、合成纤维锦纶和再生纤维素纤维莫代尔等三种纤维有机结合。

②将亚麻湿纺技术应用于亚麻短麻的混纺加工中，有效改变了亚麻梳成麻中下脚短麻只能生产品质较低的粗支纱的现状，节约了纤维原料。

市场前景：该纱线采用亚麻、锦纶、莫代尔纤维混纺而制得，三种纤维的性能取长补短，制得的纺织品具有吸湿透气、抑菌防霉、柔软舒适、防皱等功能，并且绿色环保。

 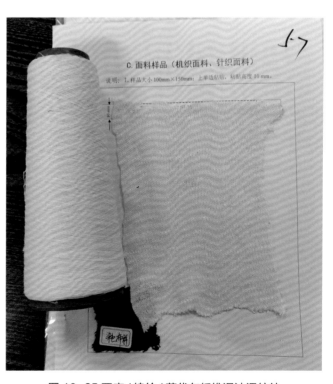

图 10-24 废旧牛仔涤纶织物的华丽转生：一种复合材料用高强力混纺纱　　图 10-25 亚麻/锦纶/莫代尔纤维湿法混纺纱

（12）作品名称：超细莫代尔／超细干法腈纶／丝光羊毛 (50/40/10) 11.8tex 混纺赛络紧密纱（图 10-26）

作品单位：德州学院

作者姓名：赵文潇、伊光辉

指导教师：李梅

创新点：

①首创超细莫代尔／超细干法腈纶／丝光羊毛混纺赛络紧密纱的设计方案。

②合理匹配各种原料的比例，保证纱的蓬松保暖、吸湿透气、柔软滑糯的产品风格功能。

③选用兰精细旦莫代尔、拜耳细旦干法腈纶和优质丝光羊毛为原料，合理选择混合方式，使纱能够满足漂白、素色和留白染色要求。

适用范围：广泛适用于各种面料。

市场前景：该纱线同时具有赛络纺与紧密纺纱的优点，条干 CV% 值、粗节、细节降低，单纱强力提高，毛羽更少，尤其是 3mm 以上的毛羽根数大幅度减少，纱线表面已经达到超水平的光洁状态，可以称为无毛羽纱，纱线结构紧密，耐磨性能好。同时，该纤维织物后处理时不需要加入任何化学助剂，减少了对环境的污染。

图 10-26 混纺赛络紧密纱

（13）作品名称：18.5tex 天茶纤维／原液着色黏胶多色彩嵌入式紧密段彩纱（图 10-27）

作品单位：德州学院

作者姓名：韩瑞娟、隋成玲、于丹

指导教师：张会青

创新点：原液着色黏胶纤维具有良好的色牢度和环保节能性。将三种纤维混纺，取长补短，保证产品风格特点的同时降低成本。

在制作上使用小样机设备改造实现紧密纺技术与段彩结构的结合，为了使由中罗拉喂入的基纱减少断头，特对小样细纱机进行局部改造，在中罗拉后部加入安装喇叭口，固定基纱位置，使中罗拉高效的喂入牵伸区。

适用范围：产品适用于制作内衣、休闲装、运动装、商务装、衬衫、袜类等所有服饰产品，也适用于制作

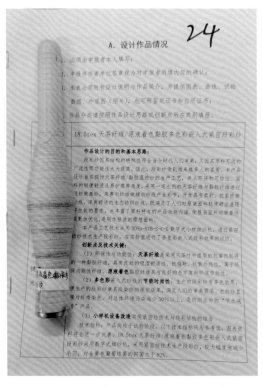

图 10-27 18.5tex 天茶纤维原液着色黏胶多色彩嵌入式紧密段彩纱

床上用品、毛巾、装饰布等家纺产品。

市场前景：本产品的开发符合市场需求，具有很高的产品附加值，将会大大增加企业的利润。天茶纤维具有优异的抗菌抑菌性，而原液着色纤维具有良好的节能环保性，赋予了产品功能性；紧密段彩纱特殊的外观，满足了人们的审美需求，具有时尚性，使服装面料的生产又多了一种选择。

5. 参赛体会

姜展（青岛大学指导教师）

我于 2017 年入职青岛大学纺织服装学院，有幸作为指导教师带领学生参加第九届与第十届全国大学生纱线设计大赛，总共获得特等奖两项，二等奖三项，为学校和学院赢得了荣誉。参加纱线设计比赛的同学多数为自己当作为班主任带的学生，以及作为创新创业导师指导的学生。在比赛前期，我会组织学生进行设计方案讨论，结合所学纺纱理论知识并发挥自己的想象空间，思考利用现有的纤维材料如何纺制出独特风格的纱，并讨论其可行性及社会应用价值。在纱的纺制过程中，学生牺牲了暑假时间，不断尝试设计方案，通过动手操作将理论付诸实践，有利于学生整体素质的提高。在纱线设计说明书的撰写过程中，我会以学术论文的写作要求对学生进行指导，强化学生在学术文章写作上的规范性。纱线设计大赛是团队合作的项目，在培训的过程中注重分工与合作、沟通与交流，发挥每个学生的特长，做到高质量地完成任务。两年指导学生比赛的经历离不开纺织服装学院邢明杰副院长的帮助和支持，以及国家重点实验室张玉清老师在纺纱工艺技术上的指导，在这里对两位老师表示由衷的感谢！

最后，仍旧非常感谢所有与此次比赛相关的人员，希望"全国纱线设计大赛"愈办愈好！。

张玉泽（东华大学指导教师）

非常感谢中国纺织服装教育学会和教育部高等学校纺织类专业指导委员会举办的此次比赛，让我能够拥有机会指导学生在各兄弟院校之前展示自己；其次感谢各位评委老师的指导和肯定，让我在此过程中收获很多同时也意识到自己的不足；最后最感谢的是学生们的努力，是他们不畏酷暑，放弃掉暑期宝贵的休息时间，挥洒汗水才有了此次的成绩。纺纱作为对实践要求很高的一门学科，一直都是我们纺织专业学生一门非常重要的课程。作为实验室的一名教师，深知现阶段学生动手能力的缺失。纱线设计大赛不仅给学生提供了一个可以提高动手实践能力的平台，也为各位老师提供了展示自己最新科研成果的机会。在指导过程中，学生的发散性思维、思想的跳跃度、将其他知识与本专业知识相结合的创造性，对我们指导教师而言具有很好的借鉴作用；同时，也使我意识到在今后的工作中需改善自己的工作方法，耐心倾听学生以及其他老师的意见，从而使自己的能力能够进一步提升。纱线设计大赛不仅仅是一个比赛和展示的平台，也是一个交流和学习的平台，希望纱线设计大赛能够越办越好。

潘依诺（特等奖获得者）

我是青岛大学 2017 级纺织服装学院纺织工程系本科生，2019 年由姜展老师带领指导第十届"鲁泰杯"全国纱线设计大赛获得特等奖，作品名为《三千虹丝绕指柔—植物染赛络菲尔色纺纱》。

每一次经历都是生活给予的宝贵经验，也是成长必然的轨迹。这是我第一次参加如此大型的比赛，我们的团队以及指导教师也都付出了百分百的努力，功夫不负有心人，我们的努力也得到了不错的回报。我非常庆幸能与我的组员杨春冰和李炳义一起参赛，在整个过程中我体会到了团队合作的快乐，更幸运的是能遇到姜展老师来指导我们，老师的认真指导是促成此次比赛的源头。第十届"鲁泰杯"全国纱线设计大赛，它充分体现了将理论与实际相结合的复杂过程，从最初的构思设计，到最后的实际操作得到作品，都需要将自己学到的知识与创新思维相结合，这让我感受到了知识的魅力，所以我决定以后还是要继续深入学习，汲取更多的知识，让自己变得更加优秀。

孙毅杰（特等奖获得者）

我是嘉兴学院纺织工程专业纺织卓越 161 班的，参加了 2019 年全国大学生纱线设计大赛，并获得了特等奖。

我的参赛作品是在暑假期间完成的，我申请了留校趁着暑假期间学校的实验室并没有多少人，我开始摸索着实验。起初我并没有多少对于这种纱线的经验，我的老师给了我一些指导方案让我进行试验。于是我私下找了很多文献参考学习。我花了很多时间在磨合实验仪器上。虽然学姐教了我怎样使用空心锭包覆机，但是仪器使用过程中我需要不断改变参数，也导致了仪器的不稳定，为我的实验造成较大的难题。包覆的时候，我选择了几种方案。通过不断尝试，最终选择单根镀银锦纶作为包覆纱，涤纶丝作为芯纱，然后再在外层重复包覆一层涤纶丝。回想起来在闷热的实验室度过的时光，会觉得非常的充实。在整个实验中，我从原本的不熟悉到慢慢熟练，需要极大的耐心，更换了很多的方案，也调试了很多次仪器。我觉得不仅仅是对我自己能力的提升，也是对我做事耐心细致的一个考量。因为整个实验我先是大致确定方案，但是发现很多的细节会影响过程，所以需要慢慢地去把细节部分完善好。

实验完成后，我在其他的学习、工作过程中依然保持着这种思维，不局限于当时的工具、方案，可以跳出局限性大胆创新。

熊新月（特等奖获得者）：目前为天津工业大学硕士研究生

在大三的下学期，我们小组三人有幸参加了"鲁泰杯第十届全国大学生纱线设计大赛"，我们的参赛作品《基于废纺的抑菌除臭可降解菱形花式线》在比赛中获得了特等奖的荣誉，这次比赛对我们来说不止是一次经历，更是一次重要的成长，也是大学期间一段美好的回忆。

首先，我要感谢我们的两位指导老师，在比赛期间，两位老师对我们的悉心指导和耐心讲解是我们小组取得特等奖的关键所在。同时也感谢各位学校、学院领导对比赛的重视和支持。没有他们的支持与帮助，我们就不可能取得如此好的成绩。

因为此次比赛是对专业知识的综合考核，是一次对自己大学期间专业知识学习成果的测试，所以在大赛前，我们小组就对大赛进行了充分的了解和知识的准备。我们向上届学长学姐询问以往的经验，在近两届大赛的获奖作品中寻找共同点。在比赛期间，我们小组也遇到了许多技术上的问题，包括废纺纤维过短难以成网，菱形花式线的捻系数的设置，粗纱号数的选定等等，但在我们小组三人的不懈努力以及老师热心的帮助下，通过不断的尝试，最终克服了这些困难，成功的纺出了之前没有学生尝试过的菱形花式线。

　　纱线设计大赛不仅是一场考验专业知识的比赛，也是考验参赛队员恒心、毅力、沟通能力等综合素质的比赛。在纱线设计大赛的比赛过程中，我们是即忙碌又充实而且快乐的，它让我们体会到了团队合作的重要性，在实践中学习，在实践中进步。比赛的整个环节紧扣专业知识的重点，是我们纺织学子深造和考研的重要历练，也为以后我们步入工作打下坚实的基础。

　　最后，我想对指导我的两位老师衷心地说一声谢谢！感谢你们的指导与陪伴！

王宇娴（特等奖获得者）

　　我是东华大学 2017 级本科生。非常感谢中国纺织教育学会举办的此次比赛，让我们拥有了宝贵的学习机会；感谢老师在参赛过程中给予的不诲指导，感谢我们自己在过程中付出的努力，正是这些才促成了我们最终的结果。但不论最终结果如何，仅是比赛的过程就让我们获益匪浅。纺纱学对于纺织学院的学生而言，是一门非常重要的课程。但由于课堂时间受限，授课内容不得不进行压缩。即使在课程结束后，我们对于相关知识还是不太掌握，这次比赛正是对课程的补充。所谓"实践出真知"，在化书本知识为实用的过程中，我们遇到了很多问题，通过一一解决这些问题，我们对课本知识有了更深的理解同时也赋予了知识属于我们自己的认知。在纺纱过程、测试纱线性能以及利用纱线织布的过程中，我们的动手能力也有了很大的提升。对于学纺织的我们，这次比赛是一个非常好的学习平台。在设计纱线的过程中，我们第一次认识到纱线并非过往所知的单一死板，而是其也能够呈现出各种各样的形态美，性能美，最终通过纱线成布，制造出变化多样的纺织品用以不同的场合，这让我们对纺织这门学科有了改观，让我们纺织人对纺织充满了信心。作为一个团队比赛，我们充分意识到了合作的重要性，各位成员的合作能力也都有所提升，同时也收获了革命友谊。老师在这次比赛过程中，给予了我们很大的帮助，提供了很多建议以及解决问题的思路方法，一步步引导我们去学习解决问题，让我们在学习方法上有了很大的收获。

赵润德（一等奖获得者）：目前为东华大学纺织工程专业硕士研究生

　　2019 年夏天，在学院老师的组织下，我参加了第十届"鲁泰杯"全国大学生纱线设计大赛，回想那时，每一帧，每一幕都历历在目，但更多的是自己匆忙奔波于各个实验室的身影。
走过了纱线大赛这一路，我的感受主要有三点：

　　一、做成一件事需天时、地利、人和。我能获取奖项首先要感谢老师们的指导、同学的帮助、学院对比赛的重视以及学校为我们提供的完善的实验设施。在一个积极的备赛环境中，我学会了做任何事都要全力以赴，认真踏实；

　　二、独立思考是创作的前提，独立一人组队意味着大部分任务都要自己完成，但这并不意味着结果就一定比其他参赛同学差，在遇到困难时能冷静思考解决方法，并且进行有效地沟通，做事有条理，那么结果往往不会太差；

　　三、学好专业知识是提升自我竞争力的重要基础，专业知识无论是在以后的工作中还是深造学习中都是我们核心力的重要体现，学好专业知识能帮助我们更快地获取到机会。

　　最后，纱线设计大赛对于各个高校的参赛者来说是一次很好的实践学习机会，让我们把书本知识和创意转化成劳动成果，在这个过程中收获成长比获得奖项更珍贵。

闫玲玲（一等奖获得者）

我是来自中原工学院纺织学院纺织 164 班的闫玲玲，非常开心获得了第十届全国大学生纱线设计大赛的一等奖。在此感谢中原工学院对我的悉心栽培，纱线大赛给予我的这次机会，我在校期间参加纱线比赛迄今也有三年了，从最初的三等奖到现在斩获一等奖，无数努力与付出隐喻其中，不尽收获与感悟纷至沓来。这次比赛促进了我实践动手能力和创新精神的培养，从自主设计开发针织、机织面料、试纺每一管纱线，到测试纱线性能、改进工艺参数、试织精美的样品，我都认真严谨，追求完美。在这个过程中，失败与成功相伴，欢乐与痛苦相随，但我始终秉持着"博学弘德，自强不息"的精神，敢想敢做，沉淀并收获了更好的自己。在颁奖会议上，我聆听了企业专家的指导教诲，与其他院校老师和纺纱设计人员进行了友好交流，对纱线的理解更加具体细致化，上升了一个台阶，获益匪浅。通过这次比赛，我也深刻认识到了自己在纺纱工艺和设计上的不足。在今后，将努力提升自己，不断成长，不断蜕变，成为更好的纺织人！

在创新中学习，在实践中成长

罗雅煊（一等奖获得者）：现就读于天津工业大学本科，纺织工程专业纺织科学与技术方向

2019 年 9 月我参加了"鲁泰杯"第十届全国大学生纱线设计大赛，获得了一等奖，作品名称是抗菌抑菌、红外保健、透气透湿、亲肤滑爽型石墨烯改性兔毛混纺环锭纱。该作品通过改性接枝处理工艺将兔毛纤维与氧化石墨烯相连接，形成一种新的石墨烯改性兔毛纤维，随后通过添加少许石墨烯改性兔毛纤维（20%），纺制一种石墨烯纯兔毛混纺功能环锭纱。

参加纱线设计大赛的过程，激发了我的学习和研究兴趣，提高了我的创新能力。在创新的过程中，最大的体会便是学习是无止境的，专业课内所学的知识是只是本领域内最基础的知识，要想实现自己的创新想法，在基于专业课所学的知识上，还需学习更多知识。

参加本次比赛也锻炼了我的实践动手能力。读万卷书，终不如行万里路，创新不仅是晦涩难懂的学术词语，不仅是生硬复杂的语言描述，还要把想法付诸实践，作为工科生，实验实践能力对于我们是十分重要的。只有将纱线设计方案真正付诸纺纱实践时，才感受到纸上得来终归浅薄，才感受到知识的力量、创新的魅力！

代琼香、闫国翠、郑晓钰（一等奖获得者）

我们是嘉兴学院纺织工程专业 2016 级的学生，2019 年参加了第十届纱线设计大赛，获得了一等奖。在整个参赛过程中，我们学到了很多新知识，对蚕丝、棉、羊绒几种纤维有了更深入的认识。

通过大赛我们感到，一个作品之所以能够获奖，不仅在于它设计方面的创新，还在于其是否贴近于市场，其市场应用领域是否广泛，能否有较好的发展前景。因此，当我们设计一个作品时，不能仅朝着新颖方面发展，而是要考虑到方方面面。

韩瑞娟（一等奖获得者）

当在微信群里看到指导老师艾特我，告诉我"鲁泰杯"第十届纱线大赛获得一等奖的时候，全身都欢呼得抖动起来。感谢我的指导老师张会青老师毫无保留的指导与教诲，也感谢我团队的同伴们，能和你们一同合作、一同奋斗，是件很快乐的事情。

现在回顾过去，比赛的点点滴滴还依旧那么清晰。比赛作品是在 19 年的暑假开始准备的，刚开始在知网上收集资料，在电脑前一坐就是一天。阅读了许多文献之后，想要的纱线模型开始在脑海中浮现出来，那时候感觉所有的熬夜与辛苦都是值得的。然后就是工艺设计过程和试纺阶段，我和我的老师与同伴们在实验室不知疲惫地一遍遍地调整纱线参数，一遍遍的试纺接头，一遍遍的总结经验与教训直至获得了想要的段彩纱成品，当看到经过自己努力而纺出的纱线时，激动兴奋之情无以言表，只觉得所有的付出都不曾后悔。与星辰作伴、与小样机为友、与纱线对话，这是大学四年做的最正确的决定之一，现在想起来那段努力的日子仍然觉得充实且美好。

没有人随随便便就成功。在成绩的背后，凝结了同学们的努力，更有老师们的辛勤教诲。在这闪亮的成绩背后，是指导老师，苦口婆心的督促、劝导和循循善诱的指导；是老师和团队小伙伴们牺牲了的无数的休息时间；是小伙伴们的共同探讨、激烈的讨论……过去的努力，终于换来了今天的成绩。
这个荣誉对我来说，它不仅是一种荣誉，更是一种责任。前方的路还很长，或许还要许多坎坷与磨难，但我有信心：坚信我能行！

作为一名纺织人，我会通过不断的实践、不断的钻研、不断的创新，做到不忘初心，在纺织的道路上砥砺前行！

三、总结及展望

立德树人培育新工科纺织学科高技术人才

东华大学纺织学院 刘雯玮

东华大学纺织学院以习近平新时代中国特色社会主义高等教育思想为指导，全面贯彻党的教育方针。以立德树人为根本任务，面向国家重大需求，面向世界科技前沿，面向经济主战场，坚持"五育"并举，培养具有创新能力的纺织复合型高层次人才。学院加强学科内涵建设，优化学科专业布局，注重分类培养，在厚基础、宽口径、重创新的基础上，形成高水平的人才高地。成立"智汇经纬"大学生科创中心，打造"纺织+"创新创业教育，设立"科普实验室"和"科创实验室"。连续举办"国际纺织研究生暑期学校"，建立专业学位研究全国和上海市示范基地。

一直以来纺织学院注重科创育人，将立德树人根本任务贯彻在一流学科建设和学生专业教育各环节，突出专业特色，积极主办包括全国纱线设计大赛等学科相关竞赛，并以"挑战杯"、"互联网+"和"创青春"三大赛事为重要抓手。培养学生成为专业素质过硬、具备创新思维的"新工科"人才。

纺织学院以全国纱线设计大赛为重要特色平台，培养能力素质过硬的专业人才和专业特色突出的科创项目。全国大学生纱线设计大赛是面对国内纺织院校的专业赛事，大赛旨在传承、发展和开创纱线作品的原创性、功能性与实用性，加强纺织专业的学生、院校、生产企业间的交流、合作与展示，引导并激发纺织专业学生的学习和研究兴趣，培养学生创新精神和实践能力。东华大学纺织学院承办数届纱线设计大赛，营造了浓厚的纺织科创氛围，为纺院学子提供了展示的舞台，通过大赛的举办和项目的指导，我们将德育与智育相结合，帮助学生增强专业自信，涵养工匠精神，明晰时代担当。

纺织学院在科创工作中贯彻"三全育人"理念，打通党政班子、专业教师和辅导员之间的沟通桥梁，学院党政班子在顶层架构中充分考虑专业教师和辅导员的优势特点，形成优势互补、协同育人。学院大学生科创工作依托课题组、班级、党支部、团支部、学生组织等群体深化组织动员、管理培训和后勤服务等工作，通过科创赛事提升学生综合能力，孕育学生科创梦想。我们还进一步完善了科创成果的激励保障措施，制定出台了一系列文件细则，奖励相关人员的同时促进成果的进一步转化和孵化。

专业赛事的成功举办与良好传承有力提升了纺织学子的专业素质与综合能力。近年来，纺织学院在科创赛事中斩获颇丰，获得"挑战杯"全国大学生创业计划竞赛全国二等奖1项、三等奖4项，市级特等奖2项、一等奖3项、二等奖1项、三等奖2项；"互联网+"大学生创新创业大赛全国银奖1项、铜奖1项，市级特等奖1项、一等奖1项、三等奖1项；"创青春"全国大学生创业大赛全国三等奖1项，市级一等奖1项、三等奖2项。

科创成果为纺织学院科创工作的未来发展奠定了良好基础，下一步我们将推进各方面制度的完善，以制度保障科创环境，以政策激励科创热情。开启纺织科创新篇章！

立足行业 以赛促学——创建学赛融合的天工大模式

天津工业大学纺织科学与工程学院

王建坤 赵立环 周宝明

由教育部纺织服装类专业教学指导委员会和中国纺织服装教育学会主办，国内纺织类专业院校承办的全国大学生纱线设计大赛，是一项面向纺织工程专业大三、大四学生的全国性专业赛事。自该赛事举办以来，我校就广泛宣传和积极组织学生参与大赛，并于 2017 年联合新疆奎屯 - 独山子经济技术开发区管委会和新疆应用职业技术学院成功举办了第八届全国大学生纱线设计大赛暨新疆纺织产业发展论坛，有来自纺织行业协会的领导、纺织知名企业专家以及纺织类高校的学生、教师等近 300 人参会，会上不仅评出了本届大赛的所有奖项，相关专家还在论坛上分析了纺织服装产业的发展现状和现代纺织技术的发展方向，对新疆纺织产业在结构调整、管理创新、技术升级等方面提出了很好的建议。

现就我校在以赛促学、学赛融合方面的一些做法与体会做一些分享。

（一）依托学科专业优势，创建学赛融合的"天工大"模式

天津工业大学的纺织学科始建于 1912 年，是国家双一流建设学科和教育部本科一流专业建设专业。我校纺织工程专业历年来重视对学生实践、创新能力的培养以及与行业需求的对接。纺纱类实践教学是纺织工程专业培养方案中实践教学的重要组成部分，在专业人才培养中具有重要作用。学院纺纱系列课程教学团队，以强化实践与创新能力的培养为目标，坚持"学生中心、产出导向、持续改进"的工程教育理念，结合全国大学生纱线设计大赛等专业行业赛事，对课程群的实践教学环节进行持续改进，创建了学赛融合的"天工大"模式。具体如下：

（1）构建了"纺纱设备认识实习→纺纱基本原理验证性实验→纱线成形试纺实验→花式纱线设计实验→纱线综合设计启智夏令营"的多模块、分层次、相互衔接、逐级递进、突出创新的多模块纺纱类实践教学体系，理顺了纺纱类实践教学各模块间的衔接与递进关系，使其既各有侧重又相互贯通，实现了从认识、验证、试纺到创新的逐级递进的分层次训练，符合学生的认知规律。

（2）建成了由小型数字化环锭纺纱系统、小型新型纺纱系统和虚拟纺纱平台组成，以实为主，虚实结合，环锭与新型并重的完整纺纱实践教学平台。平台依托信息化技术自主研发，小型成套、省时省料、操作灵活、方便教学，有效地保障了纺纱类实践教学的贯彻和执行，为学生创新实战训练提供了有力支撑。

（3）在多模块纺纱实践教学体系的贯彻中，调整了教学计划，增加了实践教学学分，实施了分散加集中、课内加课外、学期内 3 周加夏令营（暑期）1 周的实践教学模式。充分利用学校的启智夏令营课外实践计划，集中强化学生的综合设计能力，并将其与全国纱线和面料设计大赛相结合，激发了学生的创新思维，强化了学生实践动手和创新能力，检验了培养效果。

（二）走出去请进来，立足行业定选题，分工协作结硕果

我校历年来鼓励教师跟踪行业发展动态，加强与企业的紧密合作与科技交流。我院每年积极组织、资助教师参加各类纺织相关的行业会议、论坛、学术研讨等活动，促进与行业交流，了解行业需求；通过举办"经纬大讲堂"，邀请优秀纺织企业家、行业精英、行业协会领导等，就行业需求、发展、前沿动态等为师生做报告、拓展师生视野、打开学生设计思路；学院还着力建设"校企合作协同育人平台"，实现校

企合作从点、线接触到面、体全方位合作的转化，为科技成果转化、培养一流人才和提供一流的社会服务提供支撑。以上举措，有利地保证了我院学生的参赛作品能够反映行业需求与前沿。

学生参加纱线设计大赛，既要提交《作品申报书》和《作品设计说明》，又要采用一系列的纺纱设备纺出符合赛事要求的纱线，这对没有经过毕业专题训练的大三学生而言难度很大。同时，作为培养计划中实践教学的内容，要求所有学生都参与到赛事中来，进而实现学赛融合、以赛促学。为了解决参赛人数多、赛事文字材料撰写专业性强且难度大、纺纱流程长且复杂等难题，我院组建了由纺纱理论课和实践课教师组成的大赛指导教师团队、调整了纺纱相关课程教学计划、实施了学期内3周加夏令营（暑期）1周的实践教学模式，积极推动全国大学生纱线设计大赛在我校的顺利开展。具体实施中，纺纱理论课教师负责与大赛组委会联系、赛事宣传、组织学生报名、对学生进行纱线设计的理论培训、与学生讨论纱线设计创意和方案、指导学生进行纺纱工艺设计和撰写参赛文案材料；纺纱实践课教师负责安排和指导学生纺纱、解决纺纱中出现的难题等工作。通过组建这种理论与实践课教师合理分工、协作的大赛教师指导团队，有效保证了每一份参赛作品的文案撰写水平和参赛纱线的纺纱质量，并可吸纳更多的学生参与到赛事中来。

依托学校与学院的学科优势与教学平台，以大赛为抓手，通过对纺纱课程群及其实践教学的系列化改革与实践，学生的培养质量显著提升，大赛获奖逐年增加，立足行业，以赛促学，学赛融合的教学模式得到了检验。

自实施教学改革以来，我校在全国大学生纱线设计大赛中的获奖情况见表1。

表1 2013-2019年天津工业大学获奖情况汇总表

年份	特等奖	一等奖	二等奖	三等奖
2019	1	5	1	5
2018	—	4	4	8
2017	—	3	5	5
2016	—	1	4	4
2015	—	2	2	7
2014	—	1	1	1
2013	—	1	1	2

注：自2018年起，全国大学生纱线设计大赛开始设置特等奖。

参加纱线大赛心得体会

盐城工学院纺织服装学院纺织学科竞赛教学团队

学科竞赛是教与学紧密联系、师与生相互配合的竞赛活动。学科竞赛以特有的"创新性""应用性"和"灵活性"成为培养学生创新能力，实现高校转型的重要途径。

（一）以学科竞赛为依托，改革教学内容和方法的目的

我院推进以学生学习为中心的教学方式改革，以竞赛促进教学方法的改革和教学内容的更新，让学生了解纱线大赛，努力向纱线参赛要求靠近，并加大宣传力度，督促和指导学生参赛等，提高理论和实践教学效果，培养学生创新精神和动手实践能力，提高学生的综合素质。

（二）基于学科竞赛的课程教学改革途径和措施

1. 不断更新和完善课程教学内容，实现"教学做"和"学科竞赛"相结合

学院近几年参赛都是按照以下模式来组织进行的。通过项目式教学，将《纺纱工程》理论教学和实践教学统一，实现"教学做"和"学科竞赛"相结合，以参加全国大学生纱线设计大赛为目标确定项目，项目为学生以小组为单位进行创新设计的具体纱线品种，教、学、做围绕所确定的项目（纱线品种）开展，以最终产品作为考核评价参考，最终产品加以选择参加本年度全国大学生纱线设计大赛，充分实现理论教学与实践教学地完美结合，更实现了创新创业教育与纺织工程教育的深度融合。在课堂教学中把理论教学与实践教学结合起来充分挖掘学生的创造潜能提高学生自主学习及解决实际问题的综合能力。

2. 改进课程教学方法和手段，以竞赛要求促使学生发现问题，解决问题，增强学生学习和研究的主动性采取多种教学方法相结合的方式，包括启发引导、案例分析、小组讨论、团队合作。以学生为主体，以纺纱实训平台为课堂，采用"项目导向、任务驱动"展开教学，采取便于学生对学习内容掌握的方法与手段。在学习过程中，促进学生主动学习，培养学生沟通能力及团队协作能力。充分利用网络信息技术，汲取兄弟院校先进的教学方法和教学内容，取长补短，优化本课程的教学方法和手段，同时为学生提供了更加丰富的纺纱工艺基本知识，掌握和了解本课程相关技术的国内外最新发展趋势促发学生的创新思维，调动学生学习"纺纱工程""新型纺纱"等理论和实践课程和参与学科竞赛的积极性。

3. 加强师资队伍建设，组建纺织学科竞赛教学团队

围绕纺织学科竞赛组建竞赛教学团队，注意教师团队的梯队建设，老中青搭配，以理论和实践教学经验丰富、责任心强且热心纺织学科竞赛工作的教师为主，吸收优秀青年教师和不同学科的教师加入竞赛教学团队，为学科竞赛构建一个核心的智慧平台。竞赛教学团队除完成与竞赛有关的教学任务外，一方面积极组织校级学科竞赛活动，同时引导和组织学生参加国内各级各类竞赛，特别是纱线类、织物类大赛，为学生参加竞赛提供详细的、有计划的、系统的指导。

（三）改革的实施效果

2014 年，盐城工学院纺织服装学院纺纱实训平台建立。2015 年，我院指导老师积极组织学生第一次参加全国大学生纱线设计大赛，取得了一等奖 1 项，二等奖 2 项，三等奖 1 项的好成绩，而后我们组建了指导学生的纺织学科竞赛教学团队，至今，团队在 2016 年、2017 年、2018 年、2019 年全国大学生纱线设计

大赛中共获得特等奖 2 项，一等奖 1 项，二等奖 10 项，三等奖多项。团队中多位教师连续几年被评为优秀指导教师，盐城工学院连续几年被评为最佳组织单位。

（四）结语

纱线大赛成绩的取得和学校、学院的领导的支持以及老师和学生的共同努力是分不开的。首先，每年学校给予大赛参赛一定的经费支持；其次学院领导高度重视，多次关心询问参赛进展情况；再次指导教师具备企业工作经验，所了解的最新技术前沿和所掌握的新型纺纱方法较多，在产品开发中创新想法较多，思路清晰，获得学生好评。所有成绩、荣誉的取得都是集体的智慧与光荣。

最后感谢教育部高等学校纺织类专业教学指导委员会、中国纺织服装教育学会以及承办单位等，纱线大赛成为纺织工程专业师生同台竞技的舞台和交流合作的重要平台，使得我们在纱线设计乃至纺织品设计方面迸发出新的创意和思路，使得学生在创新能力培养、团队合作精神养成、分析和解决问题的能力等方面取得了长足进步。

纱线设计大赛体会

江南大学 谢春萍

为培养纺织科技英才，中国纺织教育学会和中国纺织类专业教指委每年一次连续十年举办全国纱线设计大赛，成绩斐然。因为创新是人才进步的灵魂，更是行业兴旺发达的不竭动力。总结十年之经验，期待未来更精彩。

本人带领的江南大学纺纱工程研究室自第一届大赛开始一直坚持积极参与每届大赛，发挥团队的优势，精心组织、认真指导学生进行纱线设计和试制创新，学生的动手能力得到锻炼和提升，体会有三：

第一是实行团队指导：纱线设计大赛首先是创意，然后是设计，更重要的是动手研制和试纺，解决学生遇到的难题，以及最后的总结报告撰写，每个环节都有团队老师指导学生，发挥每个教师的强项，及时更正解决问题，特别是上机试纺的设备状态和调试，都要精心组织和指导才能取得较好的成效。

第二是创意设计很关键：要认真阅读每届大赛的创新要点和作品要求，紧扣每届的创新主题，做好前期创意设计十分重要。

第三是强调严谨的科学态度和实事求是的科研精神：这是在新产品研究试纺中教师带给学生最重要的理念。

本人也参加了多届的评委工作，建议有三：

第一：不少同学的作品设计创意很好，但"虎头蛇尾"现象不少，整篇报告没有实质性的设计内容和研究的迹象。

第二：指导教师指导不足，在报告中出现明显的流程、机型、工艺参数等错误，导致评委对最终结论的质疑。

第三：各高校对大赛的重视程度不同，导致教师和学生积极性有差异。很赞赏有的兄弟院校将大赛与教学环节结合，置形成全员创新于计划之中。

大学生纱线设计大赛助力纺织应用型人才培养

中原工学院 叶静

（一）纺织应用型人才创新能力培养存在的问题

中原工学院是一所普通二本地方高校，虽然承担着纺织领域应用人才的培养工作，但由于学生数量多、经费少、项目少等原因，还存在着专业教师整体素质不高，缺乏科研活动的训练，与外界交流机会也少，对专业前沿发展、人才需求、课程内容等难以及时把握，很难灌输给纺织学生创新理念、创新意识和创新思维；学生参与科研实践少；缺乏必要的教学实验仪器等诸多问题，制约了纺织专业学生工程实践能力和创新能力的培养，使得中原工学院在全国大学生纱线设计大赛上一度落后于其他纺织高校。

（二）纱线设计大赛对纺织应用型人才培养的促进作用

纱线设计大赛符合和顺应了纺织应用型人才培养的需要，丰富了应用型人才培养实践教学体系的内容、方法和手段，为学生实践能力、创新能力的培养提供了良好的实践平台。

(1) 纱线设计大赛是激发纺织专业学生创新热情和竞争意识的平台。通过正确引导，激发学生的创新激情和竞争意识，使其主动的参与纱线设计大赛，并积极思考，进而对专业产生兴趣[1]。

(2) 纱线设计大赛是强化专业知识的平台。通过比赛，学生可夯实专业知识、锻炼实践能力、培养创新思维。

(3) 纱线设计大赛是培养创新人才的平台。通过教师指导、积极参与，部分优秀学生将逐渐具备创新能力、创新意识，成为真正意义上的产品开发创新人才。

(4) 纱线设计大赛是纺织院校交流的平台。对于教师，通过参与指导纱线设计大赛，可以加强校际交流，从而了解教学过程的不足，把握专业发展动态，及时修正教学目标和内容，提升自身素质，推动专业的发展；对于学生，如能入围决赛，可与行业专家及其他院校优秀学生进行交流，开阔思维，增长见识，洞悉专业发展动态和社会人才需求，为后续成长奠定基础[1]。

（三）指导大学身纱线设计大赛的体会

近几年，我校纺织学院愈发重视全国大学生纱线设计大赛的参与，并通过组织等工作，促进了纺织专业人才创新能力的培养。本人在指导学生纱线大赛上也取得了一些成绩。指导学生获得一等奖 1 项，二等奖 3 项、三等奖 10 项，优秀奖 2 项，共计 16 项。并于 2016、2018、2019 年获全国大学生纱线设计大赛优秀指导教师，为中原工学院获得 2018 年、2019 年获得全国大学生纱线设计大赛最佳组织单位做出了贡献，为我校纺织工程专业获得国家级一流本科专业立项建设、纺织专业工程认证顺利通过提供了有力支撑。也使得中原工学院在全国大学生纱线设计大赛上占有一席之地。以下是自己指导纱线设计大赛的一些体会和感悟，不妥之处，敬请指正。

1. 创新能力和创新意识的培养

本科生纺纱理论基础较为薄弱，创新积累较少，但思维活跃，在指导纺织专业本科生参加纱线设计大赛时，作为指导教师应有意识地开展创新思维训练，有针对性地传授创新能力的方法、技巧等[2]。通过引导学生对资料的收集研究及分析讨论，从而逐步激发学生进一步研究问题的兴趣和创新欲望，进而有效提高创新意识和创新能力。学生为设计出好的纱线作品、往往会迸发出创造性的思维火花。如曾获得第七届全国纱线大赛二等奖的纺织 13 级苏玲、张涵同学就是在查阅了中国知网和专利等大量文献后，创新性地提出了将段彩纱应用于提花织物的设想，并将黑白相间的 TENCEL/ 染色棉段彩纱与明黄色色纱交织成以菊花为主题的段彩纱提花织物，受到与会专家的一致好评。

2. 综合实践能力的培养

对参赛学生而言，不仅要有新颖创意、工艺设计，还要对纱线进行上机试纺和质量测试分析，用参赛设计的纱线织成机织面料、针织面料去展示效果，分析纱线设计加工难度与市场应用价值，撰写纱线设计说明。最后接受评委的考查。这种系统工程带来的一系列环节、任务对学生的实践能力都是较大的考验。在指导的 2018 年全国大学生设计大赛中，根据参赛队 3 位成员各自特点有针对性辅导，对每位成员的特长进行任务分解、分工负责。在纱线纺制阶段，纺织 15 级安邦华、贾鹏飞同学在指导老师的带领下，在实验室细纱机上设计加装间隙喂入装置，成功纺制了高支紧密赛络纺段彩纱，实现了加工目的，这是实践过程中动手能力的典型展示。在纱线测试阶段，针对段彩包芯纱的特殊结构，指导纺织 15 级卓越班方周倩除测试常规成纱质量外，还指导其利用扫描电镜挂观察段彩包芯纱的纵、横向结构，取得测试数据和图片，同时创新性地将 TECENLA100/ 染色棉段彩纱缎纹织物应用于牛仔布，省去后道染整工序，绿色环保。获得了满意的效果。受到大赛专家评审委员会主任郁崇文教授的好评，这也是实践能力重要性的又一典型体现。在最后颁奖大会获奖选手汇报环节中，针对学生松懈心理，反复强调 PPT 的制作与表述的重要性和学校集体荣誉感，设计新颖、制作精良的纱线作品固然重要，但良好的表达、高度准确和精炼的描述则提升专家的评价，作为指导老师，无论是在纱线设计、上机试纺、作品说明书等材料的的撰写、PPT 的制作以及现场汇报的准备工作等都进行了严格要求和反复演练，细节上精益求精。最终在第八届纱线大赛的颁奖会上，纺织 15 级卓远班方周倩同学作为获奖学生代表接受了新疆奎屯电视台采访。既展现了中原工学院学生的风采，也提高了中原工学院在全国纱线设计大赛中的地位。

由此可见，参赛学生在作品的整个制作过程中经历了创意提出、设计加工、说明书撰写、汇报等不同环节，使自己的实践能力得到了全方位的训练和提高。

3. 心理素质的培养

纱线设计大赛通常要经历半年甚至更多时间准备，在准备期间，参赛学生在保证正常的课程学习之外，还要进行较为繁琐的纤维的性能测试、原料选配、工艺设计与上机试纺等工作，纺纱设计方案失败，成纱质量不行，学生心理易出现疲惫、懈怠等。同时由于学习、考研等压力造成心理负担较重，致使消极应对，并对其他参赛同学造成负面影响。根据多年参赛辅导经验，在项目进行过程中，学生遇到困难容易出现畏难情绪，要及时帮助学生分析问题找原因，解决后顾之忧，助其重新树立信心。指导教师有意识地加强心理素质训练，适时培养学生坚韧顽强的意志和敢于直面困难的勇气。指导教师除了培养学生的专业技能之外，更要注重学生心理素质的提升。才有利于参赛学生生积极努力地完成纱线设计过程，取得理想的竞赛成绩(2)。

4. 团队协作能力的培养

指导教师要选择有担当、有能力、肯付出的学生作为团队领导者，并倡导以协作和奉献为核心的团队协作精神，不要太计较个人得失。通过营造良好的工作气氛帮助每一位队员树立集体荣誉感和个人责任感。参赛过程中，队员之间由于对比赛的投入精力不同而引起摩擦和矛盾，指导教师要及时找到原因进行矛盾化解和思想工作(2)。并提出高年级学生带动低年级学生参赛，在竞赛中传授经验、相互学习、发挥各自的特长，从而激发低年级学生踊跃参加并逐步成长为团队领导者的热情和动力，形成良性循环。

5. 指导教师要有奉献精神

中原工学院地处中原地区，河南省纺织企业比起沿海地区江浙一带的纺织企业在产品研发上有较大差距，纺织专业教师整体素质不高，对纺纱技术前沿发展难以及时把握，为此，指导教师应积极参加国际纺机展、国际纱线展及各种纺纱新技术、新产品交流会，及时了解当今纺纱产品的最新动向。同时作为指导老师也要有奉献精神。二本学生的纺纱理论基础薄弱，创新积累较少，学生仅靠有限的纺纱学理论课和实验课，很难在纺纱新产品开发上有创造性思维。指导老师必须给出一个明确课题方向，带领学生查阅资料，共同探讨和实施，这无疑会占用指导老师的大量时间和精力！优异成绩的获得与参赛学生和指导教师的辛勤付出息息相关，如果教师的付出得不到肯定和回报，教师参与热情会降低，难于发挥纱线大赛在育人方面的优势和在学风建设方面的积极作用。导致有些教师仅忙于自己的教学和科研课题研究，不愿意指导学生参赛。

（四）创新实践成效

(1) 通过纱线设计大赛，学生可以加深对纺纱理论知识的理解，同时发现自身在知识和能力上存在的不足。而竞赛最终取得成果，极大地提升学生的自信心。有效增强学生的自我成就感。纺织 15 级安邦华和纺织 16 级赵文浩等在 2020 年研究生复试时，由于 2 年纱线大赛的经历，专业基础知识扎实，复试时充满自信。

(2) 将纱线大赛作品与毕业设计融合，使学生深度思考纱线大赛成果并将其相应拓展，探寻新思路、新观点和新内容，将纱线大赛成果再提升一个层次。通过纱线大赛来融合毕业设计，参赛学生经历了 2 年的纱线设计大赛，纺纱理论与实践相结合，专业基础知识扎实，实战经验丰富，毕业论文水平有明显的提高。2019 年中原工学院纺织学院聘请纺织企业专家参与毕业答辩，即使面对企业专家提出的疑问，2017、2018 年纱线大赛的获奖学生纺织 15 级安邦华、贾鹏飞、方周倩在毕业答辩中表现优异，受到企业专家的认可。纺织 15 级方周倩毕业论文在整个纺织学院毕业生中获得为数不多的优秀。

"全国大学生纱线设计大赛"指导参赛体会与大赛组织建议

嘉兴学院 敖利民

"全国大学生纱线设计大赛"自 2010 年开始已举办 10 届，本人作为学生参赛指导教师、所在学校参赛组织者和部分届次的大赛初评评审，就学校参赛组织和大赛运作组织、评审谈几点体会和建议。

（一）关于参赛组织的体会

1. 组织参赛的意义

作为专业型学科竞赛，大赛为各相关院校学生实践创新能力培养提供了一个展示、检验、交流的平台，学生实践创新能力培养的质量，可以通过提交作品参赛，放在跨院校的同一平台进行展示、检验，通过颁奖礼的技术交流环节，可开阔各院校专业教师和学生的眼界，使其接触、了解更多的关于纱线创新设计的方法与技术。

2. 参赛组织模式

大赛的举办为纺纱相关专业实习、实训提供了明确指向性和外部激励，将相关专业实习、实训与组织参赛（校内选拔赛）整合运行成为必然。相比于指导教师自发组织学生参赛而言，将参赛纱线作品的设计、制作，与纺纱相关专业实习、实训课程相融合（实习、实训的过程本身就是参赛作品设计、制作的过程，这也是目前部分院校的通用做法），可显著提升实习、实训课程的创新能力培养效果，参赛作品数量和质量的提高，则是水到渠成的结果。

3. 争取有效的内部激励条件

要使专业教师和学生有更大的动力参与大赛，尤其是激发专业教师参与指导的积极性，合理的内部激励措施也是必要的。经过多年的争取，目前我校已形成了较好的激励环境：学校每年有专项经费用于资助组织参赛；教师指导学生参赛获奖，学校按获奖等级有相应的教研分值（等同于科研分值）奖励；指导学生参赛获较高等级奖励，列入职称评审并列条件；指导学生参赛获奖，二级学院按获奖等级进行奖金奖励；学生参加校内赛和国赛获奖，均可按获奖等级记课外学分（课外学分达到要求是毕业条件之一）等。

4. 不断凝练参赛的技术特色、积累硬件条件

通过校内参赛组织过程中的广泛征集选题，引导专业教师及时将纱线技术创新相关研究成果汇集成指导学生参赛的作品选题，多年积累下来，目前已形成了几个稳定的特色纱线成形加工技术，经过指导学生制作作品参赛的洗礼，特色技术也不断得到凝练和拓展，真正体现了以科研促教学和教学相长。

多样化的纺纱设备配置，是学生参赛作品制作的必备硬件条件。通过教学设备补足、更新以及自制设备的倾斜性支持，逐渐营造了较好的通用设备与特色设备兼具的纱线作品制作条件，为学生设计、制作特色纱线作品打下了良好的基础。

（二）关于大赛组织、评审的建议

纱线设计大赛的承办、组织，原则上采用各兄弟院校申办、轮流举办的方式。这种方式既有优势也有不足。优势是避免了大赛的"圈子"化，可以激发各院校的参赛热情，提高各院校交流的深度和广度，锻炼承办院校的组织、协调、运作能力；但不足之处是不利于竞赛组织经验的积累和流程的持续优化。大赛组织与评审，目前基本沿袭第一届大赛的模式，经过多年的实践，有些环节确有待改进之处。个人认为，关于大赛组织与评审，目前有以下几点可以进行优化，供商榷。

1. 参赛技术文件和作品的简化与格式化

大赛须提交的文本文件有 3 个：报名表、申报书、设计说明与作品简介，略显繁冗；而对提交的作品实物，没有必要的展示装裱要求。这给承办院校在评审前的展示布置带来了极为繁重的工作量，展示方式各式各样（每届都不一样）而效果却多不尽人意。在作品评审时，即便采用作品分组评审，评委也难有充足的时间和耐心翻看每件作品的技术文件，以充分了解作品技术特征、创新点、解决的技术问题等关键信息。建议对参赛文件进行必要的简化，不再要求提交作品申报书和设计说明与作品简介，实物作品进行统一的装裱再提交（同时提交纱线卷装以佐证作品的原创新）。借鉴"中国高校纺织品设计大赛"的参赛作品装裱要求，可将纱线作品简要技术信息（包括纺纱流程或纺纱设备、主要工艺参数、创新点、解决的技术问题、技术特征等）和实物展示（纱卡、织物样品）集成在一张展板（A3 黑卡纸）上，再额外提供管纱实物以辅助评审。这样可规范化、固化作品展示格式，极大减轻承办院校作品展示布置的工作量，也有利于评委进行评审时，可以对作品进行直观、全面的了解与评估。至于报名表，只要各校提交一份含有必要信息的盖章报名汇总表即可，每个作品都提交一份报名表，还要盖章扫描，没必要也没意义。

2. 评审标准与流程的统一与明晰化

在作品的评审阶段，不同承办院校的评审方式和流程也不尽相同，各评审组，甚至评审组内的各评委

间的评判标准也存在一定的差异和主观性，甚至随意性。有的评审组、评委偏好功能性，有的偏好技术新颖性，有的偏好花色外观，有的偏好产业化前景，使评选出的作品综合水准有较大的差异。建议在统一、明晰评审标准的基础上，对评审流程进行进一步规范。具体做法上，可设计统一的评分表供评审使用，评审时由评委依据评分表对其所在评审组的每一件作品从不同角度进行综合评价，引导突出作品的技术创新性、外观和结构新颖性，以及产业化应用价值等的权重。在控制评审时间内，每个作品组参与评审的评委数量不宜过少（建议不少于 5 人），每个评委给出独立的评审结果，再进行汇总。

此外，对于明显不是学生制作的作品，如参赛作品为筒子纱，成纱质量和卷绕成形明显是工厂产品等，应通过形式审查先予以滤除。对于技术文件、作品实物及其装裱明显不符合大赛要求的作品，可以通过形式审查在评审之前予以剔除，以确保大赛的严肃性。

3. 评审结果的公正性保障

为确保大赛评审结果的公正性，建议在每届大赛的作品评审过程中，教指委和教育学会必须要委派代表对承办院校整个评审过程，尤其是评审结果统计环节进行必要的监督，以确保评审结果的公正性。公正性是大赛的生命，公正性的流失，会打击其他参赛院校的积极性。在评审过程中，建议各校教师代表组成的评审人员尽可能采取回避制，即其所在的评审作品组中不要有其所在院校的参赛作品。在此前提下，每个院校的参赛作品，应尽可能均匀分散到不同的评审组中。

指导全国大学生纱线设计大赛有感
江南大学 苏旭中

时光荏苒，转眼间由中国纺织服装教育学会和教育部高等学校纺织类专业教学指导委员会联合组织的"全国大学生纱线设计大赛"已经举办十届了。犹记得 2009 首届在东华大学松江校区举办，在颁奖当天上午我得知与谢老师一起指导的学生获得了大赛三等奖，临时买票急匆匆赶到松江校区参加交流，到达时已过中午，郁老师特意安排两位学生带我们去餐厅一起用餐，回想起来历历在目，心中万分感激。

伴随着大赛的持续举办，一路走来颇有收获，我指导的学生先后获得一等奖两项（最高奖）、三等奖三项（未设特等奖）、特等奖一项，本人也有幸两次获得优秀指导教师奖（第二届、第九届）。这些收获的取得离不开组委会给予的机会，离不开江南大学纺织服装学院的平台，离不开各位纺纱前辈的指导。纱线设计大赛给学生提供了自我能力展现的舞台，也给老师们提供了教学成果实操检验展现的舞台。在这个舞台上，老师们悉心指导，学生们努力探索实践，共同将纺纱的理论知识转化为展示的纱线产品，并在这个过程中赋予产品内涵。通过参赛，学生们不再满足于书本的理论，激发了他们对动手实践的渴望，培养了他们在今后工作中的思考与创新能力。多位当年获奖已工作的学生现在与我微信聊天时还常常提起我和他们一起纱线打样的情形，他们觉得通过这样一次实操对纺纱这个过程有了比较具体的了解，对纱线新产品的开发不再停留于书本。参赛是一个过程，获奖固然很重要，但从参赛中获取的创新与实践能力，是同学们一致认为最宝贵的。

时光总是快的，最后期盼大赛能够持续举办，越办越好，能够为纺织专业的学生提供更多展现自我能力的舞台。

参加纱线设计大赛有感

德州学院 张会青

全国大学生纱线设计大赛是由教育部高等学校纺织服装教学指导委员会、中国纺织服装教育学会主办的面向国内纺织服装院校的专业赛事。大赛旨在传承、发展和开创纱线产品的原创性、功能性与实用性，加强纺织专业院校、纺织生产企业、纺织品设计人员的交流、展示与合作，引导并激发纺织高校学生的学习和研究兴趣，培养学生创新精神和实践能力，发现和培养一批在纺织科技上有作为、有潜力的优秀人才。目前已成功举办了十届，本人有幸作为指导教师指导学生参加了历届大赛。现就本人对指导学生参赛的实践情况总结如下：

（一）参赛的意义

1. 大赛增强了学生的竞争意识，提高了专业能力

比赛通过校级预赛选拔作品进入专家组初评、终评，这个过程使学生意识到与其他竞争对手相比所存在的差距，从而激发了增强自身努力学习的激情，增强了竞争意识；同时，通过大赛让学生将关注点从书本投向了实践，激励他们提高专业技能和综合素质，提高了他们的职业竞争力。符合纺织工程专业培养应用型创新性人才的培养目标和方向。

2. 大赛推动了专业教学改革

指导教师通过带领学生参加比赛，了解了纺织新技术、纱线设备及产品的前沿进展，将竞赛内容提炼为教学项目，从而不断丰富教学内容，进而推进了比赛项目科学化、普及化，更好地适应行业对创新性、应用型人才的需求，提高了人才培养质量。

3. 大赛促进了纺织院校之间的交流，提高了我院知名度和美誉度

大赛在促进纺织专业教育的同时，也搭建了各纺织院校之间的交流平台，使得参赛院校之间的交流更加广泛，对于专业建设方向认识更加深刻。与水平高的院校的交流使得我们对专业建设具有更高的认识。在参加的历届纱线大赛中，我院经过严格的程序选拔出的作品得到了大赛组委会、评委和其他参赛院校的高度评价，获得一等奖多项，由此也提高了我院在行业中的知名度和美誉度，为以后学生们的就业，得到行业肯定打下了良好基础。

（二）参赛实践总结

1. 良好的实训平台是保证参赛作品质量的良好保证

近年来，我院加大了对纺织实训平台的建设，也加强了与纺织企业的合作，建立了十多个纺织实训基地，为学生的实训提供了良好的平台，也给参加大赛提供了良好条件，这是我院一直能够在历届大赛中取得良好成绩的有力保障。

2. 团队协作和集体荣誉感是比赛成绩的保障也是参赛的良好回馈

比赛的参赛周期较长，这个过程面临多次作品设计过程的修改、推翻重来，需要查阅资料，进行工艺设计，熟悉设备的使用，学生从开始获得参赛资格的兴奋、强烈的求知欲慢慢出现消极情绪，这时候，指导教师的作用就是激发学生的集体荣誉感和成就感，鼓励学生认识到参加比赛不仅可以为学校争光，更是专业学习过程中难得的一次成长经历，既提高了专业能力又提高了自身的就业竞争力，也为以后的考研储备了条件。很多同学在这个参与过程中也深深体会到了团队协作的重要性，为了共同目标大家齐心协力的过程，给了

大家很好的体验，认识到团队的在重要性，建立了良好的师生关系和同学友情。

3. 科学严谨的作品选拔机制和导师制学生培养是基础

经过多年的参赛过程，在学院领导带领下，及时总结了比赛经验，成立了比赛领导小组，从新生入学就开始引导，有计划有准备地进行培养，建立了导师制，引领学生参与教师科研，进行实践锻炼，为参赛打下了良好基础。在这个过程中选拔出对专业兴趣浓厚基础好的学生参赛，学生培养中注重以老带新，不断学习训练，加强专业学习中的技能训练。

比赛领导小组研究了大赛的比赛机制，与其他院校进行交流，针对比赛作品的选拔制定出了严格的标准，从而保证了参赛作品的质量。以赛促教，促进了实践教学的进行。

总之，通过比赛，教师与学生都在专业上有很多收获，以赛促教，加大了教学改革力度，在实践教学中突出技能教学；以赛促学，在创新训练过程中形成了科研兴趣小组，提高了学生的综合素质和团队协作能力。在这个过程中，通过与其他纺织院校的交流，专业教师及时掌握行业动态，及时更新专业知识，掌握了更丰富的知识，因而大赛的举办起到了很好的推动作用。